水利水电建筑工程高水平专业群工作手册式系列教材

河道整治工程实训

主　编　丁秀英　雷　恒

主　审　焦爱萍

中国水利水电出版社
www.waterpub.com.cn
·北京·

内 容 提 要

本书是依据《国家职业教育改革实施方案》（国发〔2019〕4号）等文件精神，按照现代水利职业教育的要求，在总结高等职业院校学生成长规律和人才培养模式的基础上编写完成的。全书共7个工作任务，分别为复核河道断面、拟订堤防工程、拟订防护工程、拟订控导工程、疏挖工程设计、生物工程设计、安全监测设计。

本书为高等职业院校（本科、专科）水利工程专业、治河与航道工程技术专业、水利水电建筑工程专业、港口海岸与治河工程专业和其他水利类专业教材，也可供从事水利、水运行业的施工管理、设计及运行管理等工作的专业技术人员学习参考。

图书在版编目（CIP）数据

河道整治工程实训 / 丁秀英，雷恒主编. -- 北京 : 中国水利水电出版社，2022.5

水利水电建筑工程高水平专业群工作手册式系列教材

ISBN 978-7-5226-0856-3

Ⅰ. ①河… Ⅱ. ①丁… ②雷… Ⅲ. ①河道整治－高等职业教育－教材 Ⅳ. ①TV882.8

中国版本图书馆CIP数据核字(2022)第129630号

	水利水电建筑工程高水平专业群工作手册式系列教材
书　　名	**河道整治工程实训** HEDAO ZHENGZHI GONGCHENG SHIXUN
作　　者	主编　丁秀英　雷恒　　主审　焦爱萍
出版发行	中国水利水电出版社 （北京市海淀区玉渊潭南路1号D座　100038） 网址：www.waterpub.com.cn E-mail：sales@mwr.gov.cn 电话：(010) 68545888（营销中心）
经　　售	北京科水图书销售有限公司 电话：(010) 68545874、63202643 全国各地新华书店和相关出版物销售网点
排　　版	中国水利水电出版社微机排版中心
印　　刷	清淞永业（天津）印刷有限公司
规　　格	184mm×260mm　16开本　8.5印张　207千字
版　　次	2022年5月第1版　2022年5月第1次印刷
印　　数	0001—1500册
定　　价	**34.00**元

前言

本书是河南省财政厅支持的打造“双高校”水利水电建筑工程专业群教材建设项目，是根据《国家职业教育改革实施方案》（国发〔2019〕4号）等文件精神，由学校一线教师和水利、水运行业企业专家、工程师联合编写。

我国河流众多，河型复杂，由于区域经济、技术水平存在差异，各地开发利用河流的程度有所不同。开发、利用和保护好河流是水利人义不容辞的责任，随着各个流域高质量发展战略的持续推进，国家对治河工程人才的需求也在持续增长。

为了适应现代水利企业生产经营活动的需求，服务黄河流域高质量发展和“一带一路”倡议实施的需要，本书编写着力于学生的知识要点储备、职业技能训练和技术服务能力提升。在内容上尽可能反映河道整治工程中的新技术、新工艺、新材料，并与现行国家规范和行业标准相一致。全书内容包括：复核河道断面、拟订堤防工程、拟订防护工程、拟订控导工程、疏挖工程设计、生物工程设计、安全监测设计，共7个工作任务。

本书由黄河水利职业技术学院丁秀英、雷恒主编，焦爱萍主审。其中丁秀英编写工作须知、工作任务1至工作任务3；雷恒编写工作任务4至工作任务7。河南省水利科学研究院教授级高级工程师袁群博士和开封市水利技术规划中心的教授级高级工程师姚伟华对书中内容提出了许多宝贵建议，特此致谢。

由于编者水平有限，书中难免有不妥之处，敬请同行专家读者不吝赐教，以便纠正和改进。

编者

2022年5月

前言

目 录

第1部分　工作须知

1. 课程性质

“河道整治工程实训”是一门基于工作过程而开发的学习领域课程，课程是以项目为导向、用任务来驱动学生完成学习，是治河与航道工程技术、水利水电建筑工程、水利工程、农田水利工程、港口航道与治河工程等专业的职业核心实训课程。

2. 课程目标

通过本课程的学习，学生应达到下列目标：

(1) 学会分析项目工程资料。

(2) 能够正确使用现行有关规范。

(3) 学会复核河道横断面尺寸。

(4) 能够正确绘制出河道纵、横断面图。

(5) 能够拟订出河道堤防参数。

(6) 能够根据现行相关规范正确完成堤防稳定验算。

(7) 能够正确选定防护结构型式。

(8) 能够根据现行相关规范正确完成坡式防护工程整体稳定验算。

(9) 能够根据现行相关规范正确完成坡式防护工程边坡内部稳定验算。

(10) 能够根据现行相关规范正确完成墙式防护工程抗滑稳定验算。

(11) 能够根据现行相关规范正确完成墙式防护工程抗倾覆稳定验算。

(12) 能够根据工程实际情况拟订合适的控导工程。

(13) 能够准确计算出河道挖方量、填方量。

(14) 能够根据工程实际情况拟订适宜的生物工程措施。

(15) 能够根据相关规定拟订相应的监测项目。

3. 工作任务（项目）

学习任务的设计体现企业典型工作任务。按照实际工作过程，本教材河道整治工程实训划分为7个工作任务。

(1) 复核河道断面。

(2) 拟订堤防工程。

(3) 拟订防护工程。

(4) 拟订控导工程。

(5) 疏挖工程设计。

(6) 生物工程设计。

(7) 安全检测设计。

4. 组织形式

本实训课程采用行动导向的教学方式，基于工程项目，按照分析工程资料→河道过流能力复核→河道纵、横断面图绘制→河道挖方量、填方量计算→河道防护结构拟订→坡式防护工程整体稳定验算（或墙式防护工程抗滑稳定验算）→坡式防护工程边坡内部稳定验算（或墙式防护工程抗倾覆稳定验算）→确定方案的工作步骤完成工作任务。在工作过程中，以学生为中心组织教学，学生既要严谨治学，又要团结协作，共同完成工作任务。具体组织形式见图0.1。

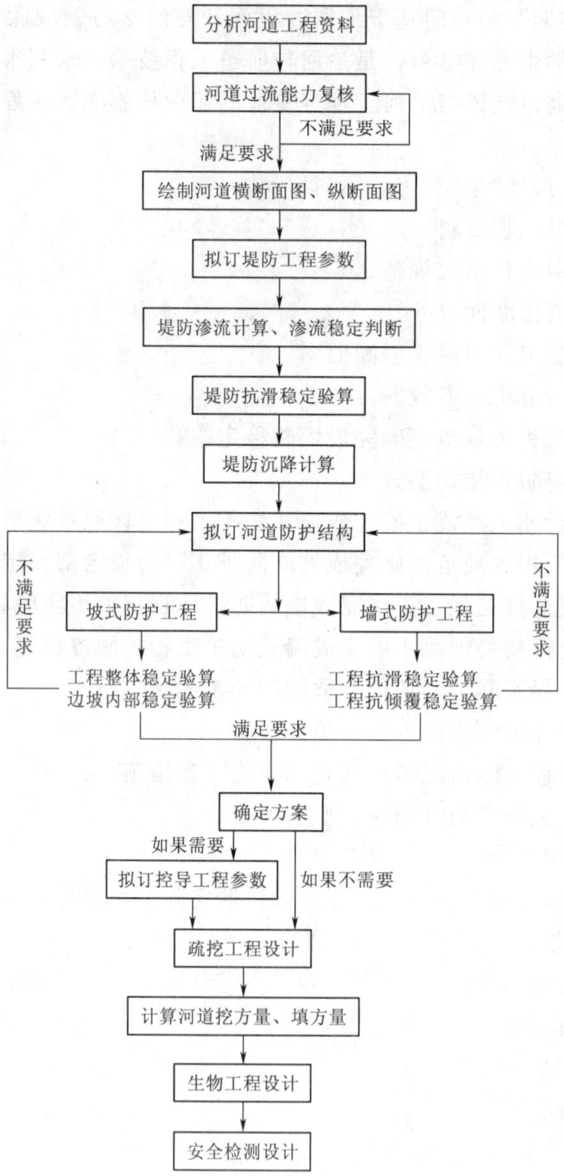

图0.1　组织形式

5. 进程安排

本课程以河道过流能力复核、堤防工程拟订为主线，展现完整的河道整治工程设计过程，分为河道水力计算、河道纵横断面图绘制、计算河道挖（填）方量、拟订河道防护结构、坡式防护工程整体稳定验算和边坡内部稳定验算（或墙式防护工程抗滑稳定验算、抗倾覆稳定验算）等。学习情境设计见表0.1。

6. 成果要求

学生在课程任务结束后，需要提交以下学习成果：河道整治工程初步设计报告1份，附河道几个典型断面的横断面图、纵断面图、防护工程结构图、控导工程结构图及相应的计算表格等。

表0.1　学习情境设计表

工作任务	学习型工作任务	时间/天
1	复核河道断面	2
2	拟订堤防工程	5
3	拟订防护工程	5
4	拟订控导工程	1
5	疏挖工程设计	1
6	生物工程设计	0.5
7	安全检测设计	0.5
合　计		15

7. 考核评价

考核评价是教师和学生对于学生在完成工作任务过程中的工作态度、工作进度、成果质量、技能掌握程度等的综合评价。学生课程成绩按照不同的学习任务加权综合的方式得出。考核评价在不同的工作任务阶段可采用不同的方式。学生课程成绩汇总表见表0.2。

表0.2　学生课程成绩汇总表

学号	姓名	学习任务	分值	权重/%	课程成绩
		复核河道断面	100	15	
		拟订堤防工程	100	30	
		拟订防护工程	100	25	
		拟订控导工程	100	10	
		疏挖工程设计	100	10	
		生物工程设计	100	5	
		安全检测设计	100	5	

8. 参考文献

[1] GB 50707—2011 河道整治设计规范 [S]

[2] GB 50201—2014 防洪标准 [S]

[3] SL 252—2017 水利水电工程等级划分及洪水标准 [S]

[4] SL 104—2015 水利工程水利计算规范 [S]

[5] SL/T 278—2020 水利水电工程水文计算规范 [S]

[6] GB 50286—2013 堤防工程设计规范 [S]

[7] SL 260—2014 堤防工程施工规范 [S]

[8] SL 595—2013 堤防工程养护修理规程 [S]

[9] SL/T 794—2020 堤防工程安全监测技术规程 [S]

［10］GB 50007—2011 建筑地基基础设计规范［S］
［11］JGJ 79—2012 建筑地基处理技术规范［S］
［12］SL 386—2007 水利水电工程边坡设计规范［S］
［13］SL 17—2014 疏浚与吹填工程技术规范［S］
［14］GB5 1247—2018 水工建筑物抗震设计标准［S］
［15］GB 50011—2010 建筑抗震设计规范（2016 年版）［S］
［16］SL 744—2016 水工建筑物荷载设计规范［S］
［17］SL 191—2008 水工混凝土结构设计规范［S］
［18］SL 677—2014 水工混凝土施工规范［S］
［19］GB 50487—2008 水利水电工程地质勘察规范［S］
［20］SL 55—2017 中小型水利水电工程地质勘察规范［S］
［21］SL 188—2005 堤防工程地质勘察规程［S］
［22］SL 197—2013 水利水电工程测量规范（规划设计阶段）［S］
［23］SL 265—2016 水闸设计规范［S］
［24］SL 99—2012 河工模型试验规程［S］
［25］GB/T 50290—2014 土工合成材料应用技术规范［S］
［26］GB 50139—2014 内河通航标准［S］
［27］JTJ/T 232—98 内河航道与港口水流泥沙模拟技术规程［S］
［28］SL 775—2018 水工混凝土结构耐久性评定规范［S］
［29］GB 50288—2018 灌溉与排水工程设计标准［S］
［30］SL 482—2011 灌溉与排水渠系建筑物设计规范［S］
［31］SL 757—2017 水工混凝土施工组织设计规范［S］
［32］SL 303—2017 水利水电工程施工组织设计规范［S］
［33］SL 619—2013 水利水电工程初步设计报告编制规程［S］
［34］《水利工程建设标准强制性条文》编制组．水利工程建设标准强制性条文（2020 年版）［M］．北京：中国水利水电出版社，2020.
［35］丁秀英．水闸设计与施工［M］．北京：中国水利水电出版社，2022.

第 2 部分　工作任务活页

工作任务 1　复核河道断面

1.1　工作任务

1.1.1　工程内容

（1）分析河道工程的基本资料。

（2）复核河道横断面尺寸。

（3）绘制出河道纵横断面图。

1.1.2　流域概况

1.1.2.1　地理位置、地形、地貌

惠济河是开封市城区和豫东平原地区一条主要的排洪除涝骨干河道，属淮河流域涡惠河水系。河流发源于开封市区，流经开封市禹王台区、祥符区、杞县和商丘市的睢县、柘城县和周口市的鹿邑县共 6 个县（区），于安徽省亳州市大刘集汇入涡河。河南省境内干流长 166.5km，流域面积 4315km^2，其中，开封市境内河线长 64.95km，流域面积 1341.4km^2，流域内人口密集、土地肥沃，为河南省粮食主产区之一。

惠济河流域地处黄淮冲积平原，土层深厚。地势自西北向东南微倾斜，地面比较平坦。比降一般在 1/6000～1/3000 之间，部分地区形成岗洼相间、沙丘洼地并存、波状沙地、风吹沙移等地貌。流域内的土壤是风沙土，主要受黄河泛滥冲积泥沙运动的影响，风沙土是受黄河泛滥主流颗粒较粗的沉积物经风力多次搬迁堆积而成的一个类型。

开封市境内惠济河主要河流水系有以下 8 个，水系简图如图 1.1 所示。

（1）黄汴河：流域面积为 47.9km^2，河线长约 17.10km，其中城区排水面积 35.9km^2；农田排水面积 12km^2，于陇海铁路桥 0＋000 处汇入惠济河。

（2）北郊沟：流域面积为 13.1km^2，全部为城区排水面积，河线长约 8.53km，于陇

海铁路桥 0+000 处汇入惠济河。

（3）东郊沟：流域面积为 30.1km^2，全部为城区排水面积，河线长约 15.26km，于河道左岸 4+720 处汇入惠济河。

（4）马家河：流域面积为 199.6km^2，河线长约 14.93km，于河道右岸 9+326 处汇入惠济河。

（5）惠北泄水渠：流域面积为 81.2km^2，河线长约 28.77km，于河道左岸 20+026 处汇入惠济河。

（6）下惠北泄水渠：流域面积为 57km^2，河线长约 8.70km，于河道左岸 29+327 处汇入惠济河。

（7）柏慈沟：流域面积为 42.2km^2，河线长约 13.20km，于河道左岸 37+926 处汇入惠济河。

（8）淤泥河：流域面积为 618km^2，河线长约 55.12km，于河道左岸 53+426 处汇入惠济河。

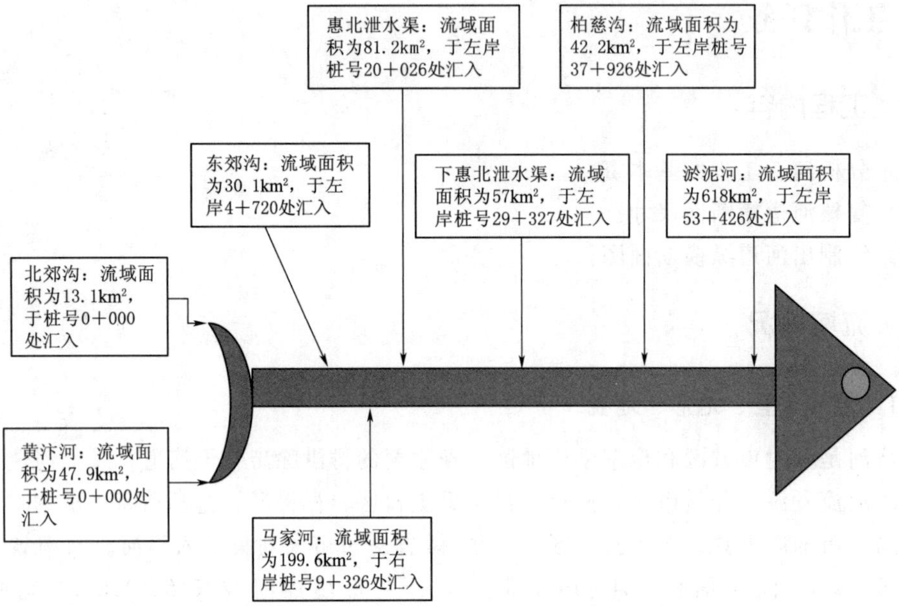

图 1.1　开封市境内惠济河主要河流水系简图

1.1.2.2　气象、水文特征

1. 气象、暴雨特征

工程区属暖温带湿润季风气候区，为我国南北气候由暖湿带到亚热带的过渡地带，因此既具有暖湿带半湿润季风型气候的特点，又具有大陆性气候的一些特征，受历史上黄泛区的影响，目前仍有较轻的风沙危害。夏热多雨，冬寒晴燥，春旱多雨，冷暖和旱涝的转变往往很突出。

据开封市城区、祥符区、兰考县、杞县、睢县及柘城县气象站观测资料，年平均气温为 14℃；1 月最低平均气温为 0.7℃，其中极端最低气温为－19.1℃；7 月最高平均气温为 27.4℃，其中极端最高气温 43.4℃；初霜日期多年平均在 11 月 5 日，终霜日期多年平均在 3 月 31 日，最长达 260 天，最短 179 天，全年无霜期平均为 230 天；平均风速 2.7m/s，全年主导风向为西北风；年平均日照累计为 2530h。

本流域内多年平均降水量 659mm，夏秋季节降水较多，6—8 月三个月，降水量占全年降水量的 70%左右，降水量年际之间变化也很大，最大年降水量达 1014.9mm，最小年降水量仅 300.8mm，最大年降水量为最小年水量的 3.37 倍。

惠济河流域内选用 8 个雨量观测站，基本上能很好地控制该区的降水过程，这 8 个雨量站分别为开封站、大王庙站、柿园站、八里湾站、睢县站、余公集站、砖楼闸站、李滩店。降水量资料系列从 1951—2008 年，其中 1956—1965 年雨量设站较少，且资料不连续。从收集到的资料看，开封站、大王庙站、睢县站雨量资料系列较长。在资料收集中，八里湾站降水量 1966—1977 年资料，借用小寨雨量站资料，砖楼闸站 1966—1978 年降水量资料采用开封站与大宾站资料进行插补。本次设计洪水计算采用间接法对设计暴雨进行计算，即采用流域内选用的 8 个雨量观测站降雨数据，根据 P-Ⅲ曲线推求设计暴雨成果；汇流计算中农田区采用平原区排模公式进行计算，根据《开封市东工业区排水工程可行性研究报告》分析城区径流系数 $a=0.6$，计算径流深。最后通过对比《河南省水利工程水文计算常用图》(简称“70 年对口水文”) 水文成果并结合流域内河道水文成果，综合分析惠济河干流分段设计洪水成果。比较后得出，本次分析成果较小，鉴于本工程降雨径流关系主要参数均采用“70 年对口水文”成果，从资料一致性考虑，本次设计仍采用“70 年对口水文”成果。水文计算成果表见表 1.1、表 1.2。

表 1.1　惠济河流域不同时期各频率三天最大降水量对比表　单位：mm

方法	项目	取值	实测资料与 70 年对口水文相比（差值）
实测资料计算成果	均值	114.6	−5.4
	C_v	0.44	−0.01
	5 年	134.2	−21.8
	10 年	163.6	−25.4
	20 年	191.9	−32.1
	50 年	228.3	−36.7
70 年对口水文计算成果	均值	120	
	C_v	0.45	
	5 年	156	
	10 年	189	
	20 年	224	
	50 年	265	

均值$\overline{H}$=120mm、C_v=0.45、C_s=1.575、C_s/C_v=3.5。设计暴雨量（H）：3年一遇为129mm，5年一遇为156mm，10年一遇为189mm，20年一遇为224mm，50年一遇为265mm。

表1.2　　惠济河治理段各河段流量采用成果表

河　段	控制桩号	控制流域面积/km^2	流量Q/(m^3/s)	
			5年一遇（农田R=66mm，城区R=93.6mm）	20年一遇（农田R=129mm，城区R=134.4mm）
陇海铁路	0+050	167	114	151.2
马家河口	9+326	167	114	151.2
群力闸	17+184	366.6	184.7	261.7
惠北泄水渠	20+026	382.5	189.6	269.4
下惠北泄水渠口	29+327	509.3	227	327.9
罗砦闸	34+200	566.3	242.8	352.7
柏慈沟口	37+926	592.3	249.9	363.7
淤泥河口	53+426	723.4	284.4	417.6
李岗闸	54+092	1341.4	428.3	642.7
商开边界	65+000	1341.4	428.3	642.7

施工期计划安排在非汛期。本次施工期设计洪水标准为5年一遇，采用惠济河上大王庙水文站实测流量成果，计算出枯水期5年一遇流量模数0.034m^3/(s·km^2)。本次惠济河祥符区治理段枯水期5年一遇施工期洪水流量为13.07～19.25m^3/s。

2. 洪水特征

惠济河流域位于豫东平原，地势平坦。惠济河洪水由暴雨形成，河道主要接收农田排水、城区排水，洪水过程历时长于相应暴雨历时。

1963年编制的《沱河地区除涝规划排水模数计算报告》中根据豫东地区洪水测量资料分析出峰量系数K值，建议上下游统一采用0.023，如果考虑河道治理的影响，建议3～5年一遇用上述成果，10～20年一遇可加大10%进行规划设计。1970年淮委在对口水文工作时，对平原河道补充分析了2～3天的日平均模数，K值一般为0.0236～0.0287，平均为0.020～0.026，本次建议HJ河干流取0.026；支流取值：KF地区取0.023。

1.1.2.3　河道概况

惠济河开封市境内长度64.95km，起自开封陇海铁路桥（桩号0+050），终于商开边界（65+000）。开封市惠济河（祥符区段）重点河段治理工程治理段，起点自群力闸，河道桩号17+184，终点至祥符区与杞县交界，河道桩号33+000，治理河道总长15.816km。工程涉及的开封市杞县，是河南省重要的粮食、棉花生产区。

惠济河是淮河重要支流、河南省骨干排水河道，项目区洪涝灾害频繁，农业产量不稳，群众收入和生活水平较低，而农民致富问题不解决，就难以实现全面建设小康社会的宏伟蓝图和中原崛起的目标。根据国务院批复的《全国中小河流治理和病险水库除险加固、山洪地质灾害防御和综合治理总体规划》和《淮河流域防洪规划》，为解决惠济河重点河段洪涝灾害，提高排涝标准，改善水利条件，加快项目区经济社会发展，提高农业综合生产能力，惠济河祥符区段进行治理是十分必要的。

惠济河治理防洪标准为20年一遇，应本着上下游协调、充分发挥投资效益的原则，合理确定除涝标准。

1.1.2.4　地质概况

1. 工程地质

场地地貌单元属黄淮冲积平原区，总体上西北高东南低，地形平坦开阔，地面高程在63.7～67.5m。地貌单一地势平缓，工程环境良好。

在勘探深度范围内，地层为第四系全新统冲洪积层（Q_4^{al+pl}），地质结构为黏性土单一结构；普遍分布为轻粉质壤土、中粉质壤土、重粉质壤土、粉质黏土。各土层分布基本连续、稳定；土质不均，含夹层较多；厚度不均、变化较大。地层岩性分布较稳定。按成因类型、岩性、物理、力学性及工程地质特性的差异，把堤基分为以下4层。

（1）①层轻粉质壤土：黄褐色，局部浅黄色，稍湿—湿；稍密—密实；摇振反应中等，无光泽反应，干强度低，韧性低；土质不均，局部相变为砂壤土，夹中、重粉质壤土，粉质黏土薄层；揭露厚度1.00～8.90m，平均6.54m，层底高程55.23～64.45m。

（2）②层重粉质壤土：灰色、浅灰色；坚硬—软塑状；无摇振反应，稍有光泽，干强度中等，韧性中等；土质不均，夹灰色轻粉质壤土薄层、砂壤土薄层；局部相变为粉质黏土层。一般厚0.9～7.0m，平均4.04m，层底高程53.43～62.61m。

在河床该层顶部沉积有新近淤积物，灰—褐灰色，流塑状，局部软塑状；有腥臭味，土质不均，局部砂粒含量高。

（3）③层轻粉质壤土：浅灰色、黄褐色，稍湿—湿；中密—密实；摇振反应中等，无光泽反应，干强度低，韧性低；土质不均，偶见姜石，局部相变为砂壤土，夹中、重粉质壤土薄层；揭露厚度0.50～9.50m，平均4.27m，层底高程49.96～56.78m。

（4）④层中粉质壤土：黄褐色，硬塑—软塑状；无摇振反应，稍有光泽，干强度中等，韧性中等；土质不均，夹轻粉质壤土、重粉质壤土薄层；揭露厚度0.50～4.50m，平均2.17m，层底高程48.53～55.78m。

各土体单元的室内物理力学性质统计见表1.3，标准贯入试验成果统计见表1.4，静力触探试验成果统计见表1.5，各段物理力学参数建议值见表1.6。

表 1.3　　堤基各土体单元物理力学性质试验成果统计表

试验项目		土体单元		① 轻粉质壤土			② 重粉质壤土			③ 轻粉质壤土			④ 中粉质壤土		
				组数	范围值	平均值	组数	范围值	平均值	组数	范围值	平均值	组数	范围值	平均值
天然含水量		W	%	21	14.7～26.7	19.6	22	19.0～31.7	25.6	19	17.4～24.3	20.4	7	27.3～35.8	31.1
天然干密度		ρ_d	g/cm^3	18	1.49～1.60	1.55	23	1.41～1.55	1.47	15	1.53～1.63	1.56	6	1.36～1.51	1.41
比重		G_S		21	2.70～2.70	2.70	24	2.72～2.74	2.73	19	2.70～2.70	2.70	7	2.71～2.72	2.72
天然孔隙比		e		18	0.685～1.238	0.775	23	0.669～1.018	0.813	15	0.539～0.761	0.675	7	0.818～1.011	0.937
液限		W_L	%	20	21.9～35.7	26.2	24	26.1～41.8	37.0	11	23.0～24.6	23.6	7	31.9～42.1	37.2
塑限		W_P	%	20	13.0～20.9	14.8	24	15.8～24.5	18.2	11	13.9～15.1	14.4	7	18.5～24.6	21.7
塑性指数		I_P		20	8.9～9.8	9.4	24	17.3～20.4	18.8	11	8.9～9.5	9.2	7	12.9～16.5	15.5
液性指数		I_L		20	−0.83～0.98	0.57	24	−0.37～0.97	0.44	11	−0.75～0.99	0.71	7	0.16～0.92	0.63
颗粒组成	砂粒	2.0～0.075	mm	34	10.1～26.4	17.4	42	1.2～9.7	6.6	35	12.3～20.4	16.9	17	8.9～15.4	13.4
	粉粒	0.075～0.005	mm	34	61.2～78.9	70.0	42	56.1～76.8	68.7	35	56.6～78.1	69.3	17	61.2～75.4	70.0
	黏粒	<0.005	mm	34	10.8～13.4	12.6	42	22.8～25.2	24.7	35	12.2～14.3	13.8	17	15.1～18.9	16.6
饱和快剪	黏聚力	c	kPa	7	8.1～10.5	9.4	6	5.6～8.4	7.7	6	6.5～8.5	7.9	6	8.0～8.8	8.4
	内摩擦角	ϕ	度	7	20.2～23.5	22.7	6	10.5～11.1	10.7	6	22.9～23.5	23.2	6	10.5～14.0	12.7
压缩系数		a_{1-2}	MPa^{-1}	17	0.161～0.345	0.203	23	0.172～0.426	0.287	13	0.158～0.224	0.179	6	0.365～0.481	0.428
压缩模量		E_s	MPa	17	5.09～9.89	8.83	23	4.40～9.87	6.67	13	6.02～10.96	9.47	6	4.05～5.40	4.61
渗透系数		k	cm/s	6	8.2×10^{-5}～3.5×10^{-4}	1.3×10^{-4}	6	8.6×10^{-7}～6.8×10^{-6}	3.7×10^{-6}	3	7.9×10^{-5}～1.7×10^{-4}	5.2×10^{-5}	2	4.9×10^{-6}～4.1×10^{-5}	1.5×10^{-5}

表 1.4　　各土层的标准贯入试验成果统计表

层号	岩　性	组数	杆长校正前 $N_{63.5}$/击			杆长校正后 $N_{63.5}'$/击		
			最小值	最大值	平均值	最小值	最大值	平均值
①	轻粉质壤土	26	5.0	15	11.1	4.3	13.6	9.7
②	重粉质壤土	67	7	9	7.8	5.7	9.9	7.0
③	轻粉质壤土	61	10	14	11.8	7.9	10.7	9.3
④	中粉质壤土	25	8	23	12.5	5.7	16.3	9.5

表 1.5　　各土层的静力触探试验成果统计表

层号	岩　性	指　标		最小值	最大值	平均值	小均值	p_s/MPa
①	轻粉质壤土	q_c	MPa	0.02	33.30	3.86	2.07	2.35
		fs	kPa	0.1	349.7	75.3	45.1	
②	重粉质壤土	q_c	MPa	0.01	8.55	1.36	0.77	0.92
		fs	kPa	7.7	195.5	41.6	24.7	
③	轻粉质壤土	q_c	MPa	0.21	25.78	7.16	3.52	3.86
		fs	kPa	8.7	397.3	91.5	54.5	
④	中粉质壤土	q_c	MPa	0.55	9.53	4.11	1.87	2.30
		fs	kPa	16.2	124.2	65.7	43.6	

表 1.6　　堤基各土体单元物理力学参数建议值表

土体单元	天然含水量	天然干密度	比重	天然孔隙比	饱和快剪		压　缩		渗透系数	承载力特征值
					黏聚力	内摩擦角	压缩系数	压缩模量		
	W/%	ρ_d /(g/cm^3)	G_s	e	C/kPa	φ/(°)	a_{1-2} /MPa^{-1}	E_s /MPa	k/(cm/s)	f_{ak}/kPa
①层轻粉质壤土	19.6	1.55	2.70	0.775	9.4	22.7	0.203	8.65	1.3×10^{-4}	120
②层重粉质壤土	25.6	1.47	2.73	0.813	7.7	10.7	0.287	6.32	3.7×10^{-6}	100
③层轻粉质壤土	20.4	1.56	2.70	0.675	7.9	23.2	0.179	9.34	5.2×10^{-5}	130
④层中粉质壤土	31.1	1.41	2.72	0.937	8.4	12.7	0.428	4.53	1.5×10^{-5}	90

2. 水文地质

（1）环境水类型。根据勘测成果，场区地下水类型为第四系孔隙潜水；主要赋存于②层重粉质壤土；③层轻粉质壤土中，主要接受降水入渗和侧向径流补给，排泄方式以人工取水和侧向径流为主；勘测期间河水位高于地下水水位，河水补给地下水。

据区域资料显示，工程区的浅层地下水水位变动特征基本为气象型，浅层地下水水位的年变幅一般为1.0～2.0m，夏季7—9月最高，春季3—5月最低。

从民井调查资料及钻孔地下水观测资料分析，工程区范围内地下水位埋深一般6.30～12.40m，地下水水位高程54.52～62.08m。西北高，东南低。根据勘察资料，工程场区地下水流向为NW-SE向。

(2) 环境水的化学特征。地下水水质分析成果表明，工程区内地下水水化学类型主要为HCO_3-CL-Mg-Ca-K+Na和HCO_3-Mg-Ca型。根据《水利水电工程地质勘察规范》(GB 50487—2008) 环境水腐蚀性判定标准，该区地下水对混凝土无腐蚀性，对钢筋混凝土中的钢筋及钢结构有弱腐蚀性。

(3) 透水层岩性及其分布规律。①层轻粉质壤土为中等—弱透水性；②层重粉质壤土为微透水性；③层轻粉质壤土为弱透水性；④层中粉质壤土为弱透水性，孔隙潜水主要赋存于②层重粉质壤土和③层轻粉质壤土中。

根据试验资料，各土体渗透性评价见表1.7。

表1.7　各土体单元渗透性统计表

层号	岩　性	渗透系数 K/(cm/s)		渗透性等级
		范围值	平均值	
①	轻粉质壤土	$8.2\times10^{-5}\sim3.5\times10^{-4}$	1.3×10^{-4}	中等—弱透水性
②	重粉质壤土	$8.6\times10^{-7}\sim6.8\times10^{-6}$	3.7×10^{-6}	微透水性
③	轻粉质壤土	$7.9\times10^{-5}\sim1.7\times10^{-4}$	5.2×10^{-5}	弱透水性
④	中粉质壤土	$4.9\times10^{-6}\sim4.1\times10^{-5}$	1.5×10^{-5}	弱透水性

(4) 渗透稳定问题。由于①层轻粉质壤土弱—中等透水性，土质不均，夹砂壤土、中、重粉质壤土，勘测期间地下水水位低于河水位，河水补给地下水，河水可通过第①层轻粉质壤土向堤内渗漏，部分河段由于堤外分布有洼地，且距堤脚较近，存在渗透变形的地质条件，在水头差作用下，易造成渗透变形破坏，危及堤防安全；根据《堤防工程地质勘察规程》(SL 188—2005) 判别，渗透变形应属流土。

流土的允许水力比降采用下列公式确定：

$$J_{允许}=(G_s-1)(1-n)/K$$

式中　$J_{允许}$——土的允许水力比降；

G_s——土的颗粒密度与水的密度之比；

n——土的孔隙率，%；

K——安全系数，取2.0。

按上式计算，17+184～33+000段①层轻粉质壤土允许水力比降为0.48，类比其他工程经验，建议①层轻粉质壤土允许水力比降为0.45。

3. 地震液化问题

据祥府区S波测试成果报告，场地土的等效剪切波速为183m/s，根据等效波速测试成果与《建筑抗震设计规范》(GB 50011—2010) 中规定，场地土类型为中软土，建筑场地类别为Ⅲ类。

工作区属华北准地台，黄淮海坳陷，新构造分区属豫皖隆起-拗陷区，区域构造以东西向为主，区内第四纪断裂及地震活动微弱。工程场区地震活动强度小、频率低，据《中国地震动参数区划图》（GB 18306—2015），治理段（桩号17＋184～33＋000）段位于祥府区，基本地震动加速度反应谱特征周期为0.40s，基本地震动峰值加速度为0.10g；Ⅲ类场地经调整后地震动峰值加速度为0.125g，场地特征周期0.55s，地震基本烈度Ⅶ度。按照《水利水电工程地质勘察规范》（GB 50487—2008）及《建筑抗震设计规范》（GB 50011—2010）的规定，对场区地基土进行地震液化判别如下。

(1) 初判。土中黏粒含量大于16%；地层为晚更新世及其以前地层时可初判为不液化，否则有液化可能，应进行土层的地震液化复判。根据初判，场区轻粉质壤土有地震液化的可能。

(2) 复判。根据《水利水电工程地质勘察规范》（GB 50487—2008）及《建筑抗震设计规范》（GB 50011—2010），用标贯试验资料，对地面下20m深度范围内的土层进行地震液化复判。

根据桥梁液化判别成果，祥符区段液化指数为0～0.17，液化等级为不液化—轻微液化。

4. 堤基地质评价

根据勘察资料，桩号17＋184～33＋000段河道边坡及河底的土质为中密状少黏性的轻粉质壤土，部分河底为重粉质壤土、粉质黏土，轻粉质壤土抗冲刷能力差，地下水水位在设计河底下。

堤基地质结构为黏性土单一结构、无软弱夹层和不良地质现象，该段存在的工程地质问题相似。据本次勘察资料分析，工作区内堤基基本不存在抗滑稳定和特殊土引起的问题，局部坑（塘）处存在渗透变形问题和局部地震液化问题。堤基工程地质条件分类属工程地质条件较好堤基（B类）。

5. 堤岸工程地质评价

该段位于黄河冲洪积平原，地势较平坦、开阔。河床宽度160～180m，呈宽浅式坡形槽，并呈蛇曲状分布，比降1/6400～1/4400。河床由主河道及漫滩组成，两岸由堤防构成，漫滩被改造为耕地。岸坡主要由轻粉质壤土、重粉质壤土组成，其物理力学性质可参见堤基①层、②层土。

堤防堤身筑填土多为1977年河道治理时就近取土人工筑填而成，其岩性与附近堤基土层相似。堤岸一般高1～3m，为单一结构。两岸堤身填筑土主要是轻粉质壤土，局部为中粉质壤土、重粉质壤土，夹砂土，土质较杂，层理发育，抗冲刷能力差，均为稳定性较差岸坡。

设计河底以上的土质及河道边坡主要以轻粉质壤土为主、局部为重粉质壤土，现状河底有厚0.5～1.0m的新近淤积物，建议河道清淤治理，保证河道边坡稳定，排水及泄洪顺畅，有防洪要求的河道过水断面满足防洪要求。根据《疏浚与吹填工程技术规范》（SL 17—2014）的规定，判别河道疏浚开挖工程土类级别为1～2级。

根据钻探和室内试验，该段（桩号17＋184～33＋000）堤身土干密度范围值：左岸为 1.47～1.61g/cm^3，平均 1.55g/cm^3，右岸为 1.51～1.64g/cm^3，平均 1.55g/cm^3。根据对该段堤防填筑土所作击实试验最大干密度为 1.69g/cm^3，压实度大于 0.91 的占试验总数的 80%～81%，填筑压实度基本满足 4 级堤防不小于 80%的要求。个别地段堤身低矮、狭窄，堤身填土较杂，填筑质量较差。

根据对该段堤防填筑土所作颗分试验，堤左岸防填筑土黏粒含量范围值为 11.4～14.7%，平均值为 13.3%，塑性指数为 7.7～10.3。右岸堤防填筑土黏粒含量范围值为 12.2%～15.3%，平均值为 14.0%，塑性指数为 7.7～9.6。根据室内渗透试验资料，该段左岸堤身渗透系数范围值为 $k=3.92\times10^{-5}\sim2.11\times10^{-4}$cm/s，右岸堤身渗透系数范围值为 $k=3.22\times10^{-5}\sim4.12\times10^{-4}$cm/s，均具弱—中等透水性。

惠济河河道因年久失修，岸坡变化较大，岸坡坡度一般为 1∶4.0～1∶1.7，在人为的改造下，呈不规则状，加之轻粉质壤土抗冲刷能力较差，为稳定性较差岸坡（三类），在水流冲刷和浸泡下，易形成边坡坍塌，河岸后退，威胁周边的建筑物及农田。土质边坡坡比建议采用 1∶3.0～1∶2.5，经计算其不冲流速为 0.93～0.95m/s，对河流顶冲处的岸坡进行防护处理。

惠济河桩号 17＋184～33＋000 段现状部分堤防填筑质量基本符合要求，部分地段堤防狭窄单薄，需加固，局部地段堤防缺失，需新筑堤防。加固及新筑堤防桩号见表 1.8。

表 1.8　　加固及新筑堤防桩号

桩　　号	岸别	长度/m	桩　　号	岸别	长度/m
17＋184～17＋400	左岸	216	17＋900～18＋200	右岸	300
17＋900～20＋700	左岸	2800	17＋700～19＋600	右岸	1900
22＋000～22＋700	左岸	700	20＋800～21＋100	右岸	300
23＋600～24＋400	左岸	800	27＋800～27＋900	右岸	100
24＋900～27＋900	左岸	3000	28＋600～31＋100	右岸	2500
30＋300～30＋500	左岸	200	31＋500～32＋800	右岸	1300
31＋000～31＋200	左岸	200			
31＋500～32＋800	左岸	1300			
合计		9216	合计		6400

堤防加固所需土料以岸坡开挖疏浚弃土为主，堤基培土新旧结合部有可能产生不均匀沉降变形，应控制堤防填土压实度大于 0.91。土料质量评价见天然建筑材料部分。

6. *天然建筑材料*

根据设计资料，本次治理挖方量远大于填方量，故工程所需土料主要利用河道疏浚弃土，土料储量满足要求。结合堤防勘察，对桩号 17＋184～33＋000 段进行了土料勘察，堤身重塑土击实试验成果统计表见表 1.9，堤身填土物理力学性指标统计表见表 1.10。该土料试验成果表明，除天然含水量偏高外，其他各项指标均符合《水利水电工程天然建筑材料规程》（SL 251—2015）质量要求，翻晒后可作为合格土料使用，其质量、储量均可满足设计需要。

场区附近无合格天然砂砾料及石料时，建议外购合格砂砾料、石料。

表 1.9　　　　堤身重塑土击实试验成果统计表

岩性	统计方法	土的击实性		饱和快剪强度		压缩性		渗透性
		最大干密度	最优含水量	黏聚力	内摩擦角	压缩系数	压缩模量	渗透系数
		$\rho_{d\max}$/(g/cm^3)	W_{op}/%	C/kPa	φ/(°)	a_{1-2}/MPa^{-1}	F_{s1-2}/MPa	k/(cm/s)
轻粉质壤土	组数	16	16	16	16	16	16	16
	最小值	1.66	17.1	8.3	25.7	0.17	9.8	1.6×10^{-5}
	最大值	1.73	19.1	12.7	28.9	0.22	11.5	5.7×10^{-5}
	平均值	1.69	18.7	10.5	27.6	0.19	10.6	3.8×10^{-5}

表 1.10　　　　堤身填土物理力学性指标统计表

试验项目 \ 堤身位置、岩性			左堤			右堤		
			组数	范围值	平均值	组数	范围值	平均值
天然含水量		W/%	9	12.3～13.6	13.2	7	10.2～14.7	13.3
天然干密度		ρ_d/(g/cm^3)	9	1.47～1.61	1.55	7	1.51～1.64	1.55
比重		G_s	9	2.70～2.70	2.70	7	2.70～2.70	2.70
天然孔隙比		e	9	0.667～0.821	0.740	7	0.673～0.794	0.733
液限		W_L/%	9	23.6～27.2	25.3	7	24.2～26.3	24.4
塑限		W_P/%	9	15.3～17.5	16.1	7	15.6～17.3	15.6
塑性指数		I_P	9	7.7～10.3	9.1	7	7.7～9.6	8.8
液性指数		I_L	9	−0.21～−0.50	−0.33	7	−0.43～−0.40	−0.42
颗粒组成	砂粒	2.0～0.075/%	9	8.1～18.5	15.4	7	12.3～24.6	17.7
	粉粒	0.075～0.005/%	9	62.3～88.4	71.3	7	60.9～82.5	68.3
	黏粒	<0.005/%	9	11.4～14.7	13.3	7	12.2～15.3	14.0
饱和快剪	黏聚力	C/kPa	9	8.3～11.5	9.6	7	7.1～10.3	8.8
	内摩擦角	φ/(°)	9	20.3～25.4	23.5	7	22.2～25.8	24.2
压缩系数		a_{1-2}/MPa^{-1}	9	0.17～0.24	0.22	7	0.17～0.25	0.20
压缩模量		E_s/MPa	9	6.5～10.2	8.73	7	9.26～12.78	9.88
渗透系数		k/(cm/s)	6	3.92×10^{-5}～2.11×10^{-4}	6.55×10^{-5}	6	3.22×10^{-5}～4.12×10^{-4}	8.51×10^{-5}

1.1.3　工程任务和规模

1.1.3.1　工程治理方案

本次治理惠济河祥符段采取工程措施和非工程措施相结合的治理方案，工程措施采取河道疏浚、清淤措施，以解决除涝问题；对有堤防遭到破坏的河段采取培厚加固堤防措施，以解决防洪问题。降低洪涝水灾害，促进流域内工农业生产。对阻水、结构破坏严重存在安全隐患的生产桥、排水涵闸拆除重建。

惠济河祥符区治理段堤防多处断堤且堤身单薄，堤顶道路为土路，遇雨泥泞，车辆难以通行。给汛期防洪抢险带来困难。本次治理在右岸堤防上设置防汛道路 1 条。

非工程措施有：加强河道防汛工作的组织领导，做好沿河工程的管理、维护、防汛调度，规范河道建设行为，保证行洪通道畅通，标准以内洪水不决堤，排涝闸及桥梁等建筑物正常运行，保护区排水畅通，遇超标准洪水，有应急措施，把灾害减少到最低限度。

1.1.3.2　主要建设内容及标准

河南省发展与改革委员会有关文件批复的建设内容为：河道疏浚 15.816km（河道桩号 17＋184～33＋000），两岸堤防整治 31.632km；新建右岸堤顶防汛道路 1 条长 14.616km（桩号 17＋184～18＋700、桩号 19＋900～33＋000）；各类建筑物 22 座，其中：排水涵闸 17 座；引水闸 1 座；桥梁 4 座。见表 1.11。

表 1.11　　工程初步设计建设内容

项　　目	建设内容	初步设计建设标准	备　　注
河道防洪标准		20 年一遇	
河道除涝标准		5 年一遇	
河道疏浚	15.816km		桩号 17＋184～33＋000
堤防整治	15.816×2km		桩号 17＋184～33＋000
新建右岸堤顶防汛道路	14.616km		桩号 17＋184～18＋700、桩号 19＋900～33＋000
桥梁	4 座	公路-Ⅱ级	
排水涵闸	17 座	10 年一遇除涝	
引水闸	1 座	10 年一遇除涝	

河道治理工程防洪标准采用 20 年一遇，除涝标准采用 5 年一遇。堤防工程级别为 4 级，河道永久性水工建筑物的级别依据防洪工程永久性水工建筑物级别划分：涵闸工程按 4 级建筑物设计，跨河桥梁按公路-Ⅱ级标准设计，临时工程按 5 级建筑物设计。

工程属于现状河道整治，不涉及新增用地，且未占压农村居民房屋，不涉及生产安置和搬迁安置。

1.1.3.3　河道工程参数

本次治理河段具体桩号如下：群力闸（桩号 17＋184）～罗寨闸上游（桩号 33＋000），治理总长度 15.816km。治理标准为 5 年一遇除涝，20 年一遇防洪。河道疏浚要素如下。

1. 群力闸至惠北泄水渠

该段河道长 2.842km，桩号 17＋184～20＋026，河道 5 年一遇除涝流量 189.6m^3/s，20 年一遇洪水流量 269.4m^3/s，河道横断面采用复式断面，主河槽糙率采用 0.025，滩地糙率采用 0.035，边坡比 1∶3，堤中心距 170m，堤顶宽 5m，河道比降 1/4817。除涝水位 66.43～65.84m，除涝水深 3.5m，防洪水位 67.12～66.55m，超高按 1.5m。

2. 惠北泄水渠至下惠北泄水渠口

该段河道长 9.301km，桩号 20＋026～29＋327，河道 5 年一遇除涝流量 227m^3/s，

20年一遇洪水流量327.9m^3/s，河道横断面采用复式断面，主河槽糙率采用0.025，滩地糙率采用0.035，边坡比1∶3，堤中心距170m，堤顶宽5m，河道比降1/4810。除涝水位65.84～63.91m，除涝水深3.5m，防洪水位66.55～64.59m，超高按1.5m。

3. 下惠北泄水渠口至罗寨闸上游

该段河道长3.673km，桩号29＋327～33＋000，河道5年一遇除涝流量242.8m^3/s，20年一遇洪水流量352.7m^3/s，河道横断面采用复式断面，主河槽糙率采用0.025，滩地糙率采用0.035，边坡比1∶3，堤中心距180m，堤顶宽5m，河道比降1/5088，除涝水位63.91～63.19m，除涝水深3.5m，防洪水位64.59～63.96mm，超高按1.5m。

1.1.3.4　排水涵闸工程参数

本工程重建排涝涵闸17座，引水闸1座，过流能力按10年一遇流量设计。根据流量及地形布置，其中：4座箱涵的参数见表1.12，13座圆管式涵洞的参数见表1.13。

表1.12　引水闸及箱涵参数表

序号	箱涵名称	桩号	岸别	设计流量/(m^3/s)	闸门型式	启闭机型式	备　注
1	郑闫渠引水闸	16＋647	左岸	2.3	铸铁闸门	30kN手动螺杆式启闭机	5座涵闸用电负荷较小，沿河道两岸距低压电源较远，故本工程采用30kW移动式柴油发电机供电
2	吴楼东北排水涵洞	17＋235	右岸	2.13	铸铁闸门	30kN手动螺杆式启闭机	
3	赵寨排水涵洞	23＋541	左岸	2.61	铸铁闸门	80kN手电两用螺杆式启闭机	
4	宝峰寺南排水涵洞	25＋127	左岸	2.66	铸铁闸门	100kN手电两用螺杆式启闭机	
5	徐庄西排水涵洞	26＋891	右岸	2.56	铸铁闸门	80kN手电两用螺杆式启闭机	

表1.13　圆管式涵洞参数表

序号	涵洞名称	桩号	岸别	设计流量/(m^3/s)	孔径/m	孔数	备　注
1	西关涵洞	18＋648	左岸	1.06	DN1.0	1	
2	城角涵洞	20＋405	右岸	0.42	DN1.0	1	
3	庞庄涵洞	21＋665	右岸	0.32	DN1.0	1	
4	韩洼涵洞	23＋840	右岸	0.24	DN1.0	1	
5	韩洼北涵洞	24＋128	右岸	0.14	DN1.0	1	
6	韩洼东北涵洞	24＋635	右岸	0.26	DN1.0	1	
7	张博砦涵洞	25＋906	左岸	0.32	DN1.0	1	
8	徐庄北涵洞	27＋800	右岸	0.28	DN1.0	1	
9	方庄涵洞	29＋450	右岸	0.32	DN1.0	1	
10	西白丘南涵洞	30＋293	左岸	1.07	DN1.0	1	
11	张庄涵洞	30＋483	右岸	0.47	DN1.0	1	
12	东张庄北涵洞	31＋535	右岸	0.26	DN1.0	1	
13	毕桥南涵洞	32＋446	左岸	0.26	DN1.0	1	

1.1.3.5　桥梁工程参数

略。

1.1.3.6　道路工程参数

略。

1.2　任务分组

按照表 1.14 填写学生任务分组名单。

表 1.14　　学生任务分组表

班级		组号		指导老师	
组长		学号			
组员					
任务分工					

1.3　获取信息（引导问题）

引导问题 1：如何在工程资料中找出将要使用的数据？

引导问题 2：河道治理相关现行规范有哪些？

引导问题3：影响河道横断面尺寸的参数有哪些？

引导问题4：影响河道纵断面尺寸的参数有哪些？

1.4　工作计划

按照河道工程资料，认真阅读、甄别可用参数，制订河道设计计划。

1.5　进度决策

教师带领学生共同分析河道工程资料，重点提示某些描述及数据可在后续的哪些工作中用到，为后续工作做好准备。分析河道整治工程中可能应用到的水力学公式，学习明渠均匀流公式中所涉及的参数及取值范围，从而复核河道过水能力。

1.6　工作实施

由教师引领学生按照河道整治初步设计的步骤和有关规范要求进行方案拟订、编制完成《河道整治初步设计说明书》。

【步骤1】　认真分析、甄别工程资料

内容包括：工程概况、自然条件和编制依据等。

【步骤2】　拟订河道横断面尺寸

根据项目资料进行河道横断面尺寸拟订。已知河道设计流量 $Q_{设}$、河道纵向底坡 i、边界糙率 n、边坡系数 m、水深 h_1，求河道底宽 $b_{设}$。可采用试算法、迭代法进行计算。

$$Q = AC\sqrt{Ri} \tag{1.1}$$

$$C = \frac{1}{n}R^{\frac{1}{6}}$$

$$R = \frac{A}{\chi}$$

拟订步骤如下：

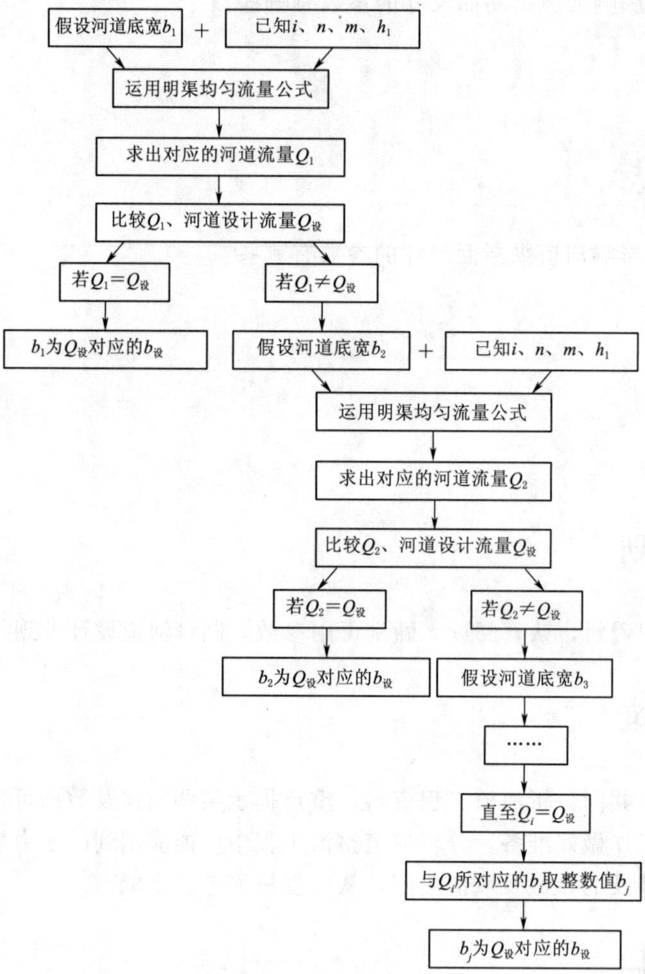

拟订的河道底宽 b_j 值应与河型、水深等参数相适应。

1.7　评价反馈

任务考核评价是对学生每个学习任务的完成情况进行评价，包括教师评价（占 50%）和学生自评（占 50%）两部分。

教师评价按照"过程评价＋答辩评价＋成果评价"的评价模式进行。

(1)"过程评价"是对学生平时学习任务的过程评价，借助设计教室、实训场及智能课堂等数字化学习平台实施，评价内容包括课堂考勤、师生互动、课堂表现、资源学习等方面，在确定本任务评价成绩中，过程评价成绩不满 60 分者，该任务成绩直接认定为不及格。

(2)"答辩评价"是在学习即将结束时，针对工作过程中的内容对学生进行抽题问答测试，以反映学生对工作任务的理解、掌握情况。

(3)"成果评价"是对学生提交项目成果的研判。

教师评价表见表1.15。

表1.15　**教 师 评 价 表**

班级		姓名		学号	
学习任务1	复 核 河 道 断 面				
评价项目	评 价 标 准			分值	得分
过程评价	出满勤，工作主动，认真负责，课堂表现优			40	
答辩评价	能正确计算，按时完成设计说明书			30	
成果评价	能思路清晰地回答答辩题目			30	
合　计				100	

学生评价可以采用学生自评和小组互评相结合的方式。学生自评表见表1.16。

表1.16　**学 生 自 评 表**

班级		姓名		学号	
学习任务1	复 核 河 道 断 面				
评价项目	评 价 标 准			分值	得分
①编制说明	对编制依据、工程概况、自然条件等进行正确说明			20	
②选用参数	能够正确选定参数			30	
③水力计算	用试算法或迭代法进行水力学计算			40	
④判定计算结果	判定现有河道断面是否满足设计标准			10	
合　计				100	

1.8　相关知识点

1.8.1　河道整治前期工作

河道整治，是指为适应经济社会发展需要，按照河道演变规律，稳定和改善河势，改善河道边界条件、水流流态和生态环境的治理活动。前期需要收集相关资料、明确河道整治任务、判定河道整治标准、确定设计泄洪流量和设计洪水位、制定治导线、整体布置整治工程。

河势是指河道水流的平面形态及其发展趋势，包括河道水流动力轴线或深泓线的位置、走向以及河湾、岸线和洲滩分布的状况等。

1.8.1.1　需要收集的相关资料

河道整治工作在前期需要收集以下资料：涉及工程区的社会经济状况、水文气象、河床演变、地形地质、相关工程及与整治河段有关的其他情况。

1. 社会经济状况资料

河道整治工作应收集防洪区、排涝区、灌区和河道整治工程区的社会经济资料。其中，防洪区、排涝区、灌区的社会经济资料主要包括（1）、（2）、（3）、（4）条。河道整治工程区的社会经济资料主要包括（2）、（5）、（6）条。

（1）面积、人口、耕地和城镇分布等社会概况。

（2）农业、林业、渔业、工业、交通、能源、通信、电力、文化教育等行业的规模、资产、产量、产值等国民经济概况。

（3）自然及生态环境状况。

（4）历史洪、涝、旱、潮灾害情况。

（5）土地、耕地、人口、房屋、固定资产等。

（6）文物古迹、旅游设施等。

2. 水文气象资料

河道整治设计应收集的水文气象资料主要包括：

（1）气温、风况、蒸发、降水、水位、流量、流速、波浪、冰情、地下水等资料。

（2）与工程有关地区的水系、水域等资料。

（3）与工程有关地区的设计暴雨、设计洪水、设计排涝水文成果，以及整治河段的设计洪水过程和相应的设计洪峰流量、水位成果等。

3. 河床演变资料

河床演变是指河道在自然情况或受人工干扰时，水流和河床相互作用所发生的冲淤变化过程。河道整治设计应收集有关的资料，主要包括：

（1）河床演变方面的历史文献和资料。

（2）水位、流量、径流量、输沙量、含沙量、泥沙颗粒级配和水温等资料。

（3）河势图、河道地形图、纵横断面图、航测图、卫星照片等河道平面变化和评价资料。

（4）潮汐河口段还应收集潮位、潮流流速、流向和含沙量过程线，涨、落潮的平均流量，以及有关海岸的动力地貌等资料。

4. 地形地质资料

（1）地形资料。河道整治工程需要的地形测量资料包括：地形图、河道横断面图、河道纵断面图。各设计阶段的地形测量资料应符合表 1.17 的规定，涉河水工建筑物的地形测量资料应符合国家现行标准《水利水电工程测量规范》（SL 197—2013）的有关规定。

表 1.17　河道整治工程各设计阶段的地形测量要求

<table>
<tr><th>图别</th><th>设计阶段</th><th>比　例　尺</th><th>图幅范围及断面间距</th><th>备　注</th></tr>
<tr><td rowspan="2">地形图</td><td>项目建议书、可行性研究</td><td>1∶10000～1∶2000</td><td rowspan="2">自建筑物轮廓向外
100～300m</td><td rowspan="2">建筑物或河势变化较大处可适当加大测图比例</td></tr>
<tr><td>初步设计</td><td>1∶2000～1∶1000</td></tr>
<tr><td rowspan="3">河道横断面图</td><td>项目建议书</td><td rowspan="3">竖向 1∶100
横向 1∶1000～1∶500</td><td>200～500m 间距</td><td rowspan="3">断面间距可根据地形变化情况适当加密或放宽</td></tr>
<tr><td>可行性研究</td><td>100～200m 间距</td></tr>
<tr><td>初步设计</td><td>50～100m 间距</td></tr>
<tr><td rowspan="3">河道纵断面图</td><td>项目建议书</td><td rowspan="3">竖向 1∶200～1∶100
横向 1∶10000～1∶1000</td><td rowspan="3"></td><td rowspan="3">视整治河段长短，可适当调整测图比例</td></tr>
<tr><td>可行性研究</td></tr>
<tr><td>初步设计</td></tr>
</table>

（2）地质资料。河道整治工程需要的工程地质勘察资料应符合国家现行标准《水利水电工程地质勘察规范》（GB 50487—2008）、《堤防工程地质勘察规程》（SL 188—2005）和《中小型水利水电工程地质勘察规范》（SL 55—2005）的有关规定。

（3）地形地貌资料。河道整治设计应收集整治工程段地形地貌、地层岩性、地质构造、土质类别、主要土体物理力学性质、河岸抗冲性与岸坡稳定性评价等成果。

（4）建筑材料资料。河道整治设计应收集天然建筑材料勘察或调查成果。天然建筑材料应满足国家现行标准《水电工程天然建筑材料勘察规程》（NB/T 10235—2019）的有关规定。

（5）险工堤段的历史和现状险情资料。河道整治设计应充分利用已有工程的地质勘察资料，并应收集险工堤段的历史和现状险情资料，同时应调查历史上决口堤段的范围、地层和堵口材料等。

5. 相关工程的资料

河道整治设计应收集相关工程的资料，主要包括：

（1）与整治河段有关的河道、堤防、水库、湖泊、水利枢纽和蓄滞洪区等的基本资料。

（2）整治河段的穿堤、跨堤、穿河、跨河、拦河和临河建（构）筑物等的基本资料。

（3）与整治河段有关的港口、码头、船闸、锚地和航标等有关航运设施和取水排水工程等的基本资料。

6. 其他资料

河道整治设计应收集的其他资料，主要包括：

（1）与整治河段有关的流域综合规划、专业规划等。

（2）与整治河段有关的水环境、水生态及自然保护区的资料，并应重点调查珍稀濒危及有重要经济价值的动植物情况。

（3）与整治河段有关的文化、景观和名胜古迹方面的资料等。

1.8.1.2　明确河道整治任务

河道整治牵涉面广，是一项复杂的系统工程。把握河道特性和演变规律，是河道整治设计的重要任务，有时甚至是工程成败的关键所在。

（1）河流对国民经济和社会发展所起的作用是多方面的，人们开发、利用河流的目标也不是单一的。一条河流的干支流、上下游、左右岸的关系是相互联系、相互影响的。因此，河道整治设计不仅应兼顾干支流、上下游、左右岸的利益，还应分析协调防洪、排涝、灌溉、供水、航运、水力发电、文化景观、生态环境、河势控制和岸线利用等各项开发、利用和保护措施对河道整治的要求，确定河道整治的主要任务。

（2）河道整治工程所在地区自然环境、社会经济等条件存在很大差异。河道整治设计应协调各项整治任务之间的关系，分析已有工程的功能、作用和存在问题，并应综合分析确定河道整治的范围。根据当地实际情况，贯彻因地制宜、就地取材的原则，在保证工程质量的前提下降低工程造价。在总结经验和分析研究的基础上，积极地采用新技术、新工艺、新材料。

1.8.1.3　判定河道整治标准

整治河段的防洪、排涝、灌溉或航运等的设计标准，应符合下列要求：

(1) 整治河段的防洪标准应以防御洪水或潮水的重现期表示，或以作为防洪标准的实际年型洪水表示，并应符合经审批的防洪规划。

(2) 整治河段的排涝标准应以排除涝水的重现期表示，并应符合经审批的排涝规划。

(3) 整治河段的灌溉标准应以灌溉设计保证率表示，并应符合经审批的灌溉规划。

(4) 整治河段的航运标准应以航道的等级表示，并应符合经审批的航运规划。

(5) 整治河段的岸线利用应与岸线控制线、岸线利用功能分区的控制要求相一致，并应符合经审批的岸线利用规划。

(6) 当河道整治设计具有两种或两种以上设计标准时，应协调各标准间的关系。

1.8.1.4　确定设计泄洪流量和设计洪水位

(1) 有防洪任务的整治河段设计泄洪流量和设计洪水位，应采用下列方法分析确定：

1) 整治河段的设计泄洪流量应按确定的防洪标准，并根据设计洪水通过水文水利计算确定。

2) 主要控制站的设计洪水位可根据实测年最高洪水位系列进行频率分析后确定，或根据设计洪峰流量通过分析河道冲淤变化后的水位流量关系确定。洪水位不一致时，应取较大值作为设计洪水位。

3) 以实际年型洪水作为防洪标准的河段，主要控制站的设计洪水位可根据实测或调查的最高洪水位和整体防洪要求，分析河道冲淤变化后合理确定。

4) 潮汐河口的设计潮位应采用历年实测高、低潮位资料进行频率分析确定。当缺乏潮位资料时，可按邻近地区的设计潮位，分析相关关系确定。

5) 整治河段的设计洪水水面线，宜根据主要控制站的设计洪水位和该河段的设计泄洪流量，按设计的河道纵横断面计算确定。

(2) 有排涝任务的整治河段设计排涝流量和设计排涝水位，应采用下列方法确定：

1) 设计排涝流量宜按确定的排涝标准根据设计暴雨间接推算。

2) 坡水地区设计排涝流量可采用排涝模数经验公式计算。

3) 泵站抽排地区设计排涝流量，农田可根据作物耐涝历时采用排涝期涝水量平均排除法估算；城镇可采用产汇流和河洼地容许调节水量，用平均排除法估算。

4) 承泄自排涝水的整治河段设计排涝水位宜低于地面 0.2～0.5m，必要时经技术经济论证局部河段也可略高于地面。

5) 承泄抽排涝水的整治河段设计排涝水位可高于滩地地面。但应满足上下游河段的防洪和排涝要求。

(3) 有河势控制任务的整治河段，中水河槽的设计整治流量应为该河段的造床流量。造床流量是指对形成天然河道河床特性及河槽（河道中经常通过水流的部分）基本尺度起支配作用、与多年流量过程的综合造床作用相当的特征流量。造床流量应按照规范的规定计算确定。

(4) 有灌溉任务的整治河段设计引水流量和设计引水水位根据灌区情况和设计要求，

宜采用下列方法确定：

1）设计引水流量宜根据历年灌溉期最大灌溉流量进行频率分析，宜按相应于灌溉设计保证率的流量选取，也可取设计代表年的最大灌溉流量。

2）设计引水水位宜根据历年灌溉期旬或月平均水位进行频率分析，宜按相应于灌溉设计保证率的水位选取，也可取多年灌溉期枯水位的平均值。

（5）有航运任务的整治河段设计最高通航水位和设计最低通航水位应按现行国家标准《内河通航标准》（GB 50139—2014）的有关规定计算确定。

1.8.1.5 制定治导线

治导线是指河道整治规划拟订的满足设计流量要求尺度和控制河势的平面轮廓线。河道治导线宜分段制定。可选择制定洪水治导线、中水治导线或枯水治导线。河道治导线宜平顺、光滑，在弯曲段可采用复合弧线连接。应论证治导线的合理性和可行性，重要河段应进行河工模型试验。河工模型试验是指将河道形态和水流泥沙运动特征按照相似准则模拟河流水流泥沙运动和河床演变的试验研究工作。

（1）洪水治导线。洪水治导线应根据设计泄洪流量制定。有堤防的河段，应以堤线作为洪水治导线。

（2）中水治导线。中水治导线宜根据造床流量或排涝流量、设计整治河宽，经综合分析平滩水位制定，并应分析天然河道的形态、河弯个数、河弯要素、弯曲系数、已有工程利用情况等，论证治导线的合理性。制定中水治导线应符合下列要求：

1）中水治导线应根据整治的目的，因势利导，按河床演变和河势分析得出的结论制定。

2）中水治导线应利用已有整治工程、河道天然节点和抗冲性较强的河岸。

3）上下游应平顺连接，左右岸应兼顾。

4）上下游相衔接的河段应具有控制作用。

5）应协调各有关部门对河道整治的要求。

6）按排涝要求开挖的河段，应根据设计开挖的河槽断面上口宽制定。

（3）枯水制导线。枯水治导线可根据供水、灌溉、通航和生态环境等功能性输水流量选择制定。制定枯水治导线应符合下列要求：

1）宜在中水治导线的基础上制定。

2）宜利用较稳定的边滩和江心洲、矶头等作为治导线的控制点。

3）有通航要求的河段，宜按集中水流形成具有控制作用的优良枯水航道的要求制定。

4）有灌溉、供水任务的河段，应满足灌溉、供水的基本要求。

5）宜满足生态环境流量的基本要求。

1.8.1.6 整治工程整体布置

河道整治设计应按整治的主要任务和范围，统筹协调好各项整治任务和相应专业规划的关系，进行整治工程总体布置。有防洪任务的整治河段，河道纵、横断面应按照安全下泄设计泄洪流量设计。新修堤防时，应在设计确定的河槽断面基础上，根据防洪规划、地形地质条件、河床演变情况、现有工程状况、拟建工程位置、征地拆迁量、行政区划和文物保护要求等，经技术经济比较后，合理布置堤防的堤线。

1. 布置堤线

整治河段堤线的布置应符合下列要求：

(1) 堤线与河势流向应相适应，应与洪水的主流线大致平行。

(2) 堤线应平顺，各堤段应平顺连接，不应采用折线或急弯。

(3) 应利用现有堤防和有利地形，修筑在土质较好、比较稳定的地方，并应留有适当宽度的滩地。

(4) 两岸堤距应根据防洪规划分河段确定，上下游、左右岸应统筹兼顾。

(5) 两岸堤距的大小应根据河道泄洪的要求、河道的地形地质条件、水文泥沙特性、河床演变特点、经济社会发展的要求、滩地的滞洪淤积作用、生态环境保护的要求和技术经济指标等，经综合分析后确定。

(6) 同一河段两岸堤距应大致相等，不宜突然放大和缩小。对束水严重、泄洪能力明显小于上下游的窄河段，宜清除阻水障碍、合理展宽堤距，并应与上下游堤防平缓衔接。

2. 拟订河槽纵、横断面

对于有排涝任务的整治河段，河槽纵、横断面宜按下泄设计排涝流量设计。有航运任务的整治河段，航道尺度应根据确定的航道建设标准和等级，并按现行国家标准《内河通航标准》(GB 50139—2014) 的有关规定和已批准的航运规划进行设计。有灌溉和供水任务的整治河段，应满足设计输水、引水流量和高程的要求。河槽整治设计还应满足河道生态环境流量和水位的基本要求。

3. 拟订整治河宽

整治河段河槽的设计整治河宽宜选用下列方法确定：

(1) 宜分析河槽的河相关系，并宜确定设计整治河宽。

(2) 宜根据历年河势资料和实测大断面成果，分析主槽的历年变化范围，统计造床流量相对应的河宽作为设计整治河宽。

(3) 宜根据整治河段的实际情况，选择可供类比的模范河段，点绘水面宽与流量的关系，宜根据造床流量推求相应河宽作为设计整治河宽。

(4) 按照排涝要求开挖的河段，宜根据设计开挖的河槽断面上口宽确定设计整治河宽。

4. 整治工程位置线

坝、垛等整治工程头部连线确定的整治工程位置线，应符合下列要求：

(1) 应分析研究河势变化情况，确定最上的可能靠流部位，整治工程起点宜布设在该部位以上。

(2) 在整治工程位置线的上段宜采用较大的弯曲半径或采用与治导线相切的直线退离治导线，且不得布置成折线。

(3) 整治工程中下段宜与治导线重合。整治工程中段弯曲半径可稍小于上段，在较短的弯曲段内应调整水流方向；整治工程下段弯曲半径可比中段稍大。

1.8.2　河道整治原则

根据河型、平面形态和河段特点，整治河段可分为顺直型、弯曲型、分汊型、游荡型和潮汐河口等典型河段。

对于河道整治设计范围内的典型河段宜分析水流泥沙特性、河势变化和河床演变特点，采取适合该河段的整治措施。

1.8.2.1　顺直型河段

顺直型河段是指河槽平面形态顺直的河段。对于顺直型河段进行整治，应稳定现有河势。修筑堤防堤线应平顺，并基本与洪水流向一致，并应留出足够的滩地和泄洪断面，应安全通过设计泄洪流量。

当需要扩大河道时，中水治导线应与现状河道走向基本一致，并应规则平顺。修建整治工程宜与堤线、岸线一致，不得采用严重影响水流流向的整治工程。

在河槽中隔断上下游深槽、阻碍水流或航行、由砂砾石等组成的沉积体叫浅滩。对于浅滩的整治，应在分析浅滩演变规律的基础上选槽和布置工程，修建航道整治工程应有利于形成较稳定的航槽也可采用疏浚措施改善浅滩，并应兼顾河道行洪和河岸稳定要求。

1.8.2.2　弯曲型河段

弯曲型河段是指河槽由正反相间的弯曲段和介于其间的过渡段连接而成的平面呈蛇曲形的河段。对于弯曲型河段进行整治，宜按现有河势与治导线的关系，采用防护工程维持现有有利岸线稳定河道，也可采用控导工程控制凹岸发展及改善弯道。防护工程是指为保护堤防和滩岸，防止水流冲刷和波浪冲蚀及渗流破坏而修筑的平顺式且基本不改变水流流势的工程。控导工程是指为控制主流、稳定河势、保堤护滩而修筑的对水流流势产生一定影响的工程。

对于微弯型河段，应根据经济社会发展的要求以及优良弯曲河段的河湾形态，设计整治河宽、河湾形态参数，拟订整治河段的治导线，确定整治工程位置线。

经技术经济充分论证确需裁弯的河段，裁弯设计工作应符合下列要求：

(1) 进行多方案比较，确定裁弯段新河的线路，必要时应通过河工模型试验论证确定。

(2) 裁弯段新河的进出口位置应进口迎流、出口顺畅，并应与上下游河势平顺衔接。

(3) 裁弯段新河的曲率半径，宜按本河道稳定优良的弯曲河段资料选定。

(4) 可根据需要在设计新河凹岸采取防护工程，稳定河道。

(5) 进行系统裁弯时，单个裁弯应与系统裁弯统筹安排。

1.8.2.3　分汊型河段

分汊型河段是指河槽分为若干汊道，各汊道交替消长的河段。分汊型河段的整治可选择采取稳定汊道、改善汊道、堵塞汊道等措施。

(1) 当分汊型河段的发展演变过程处于较稳定的有利状态时，宜采用稳定汊道的整治措施。稳定汊道可在分汊型河段上游节点处、汊道入口处，汊道内冲刷段，以及江心洲首部和尾部分别修建整治工程。

(2) 当分汊型河段的演变发展与经济社会发展不相适应，且不允许堵塞汊道时，可采用修建顺坝或丁坝、疏浚或爆破等改善汊道的整治措施。

(3) 经技术经济充分论证确需堵塞汊道的河段，应分析该分汊河段的演变规律，宜选择逐渐衰退的汊道加以堵塞。当堵塞汊道对河段的泄洪能力有较大影响时，应采取恢复河段泄洪能力的补偿措施。

1.8.2.4　游荡型河段

沿河道纵向流动的、流速相对较大的水流主体部分叫主流。游荡型河段是指河槽宽浅多变、水流散乱、主流经常摆动的河段。游荡型河段的整治应采取逐步缩小主流的游荡摆动范围、稳定河势流路的工程措施。根据经济社会发展的需要、水流泥沙特性和河势流路，应选择对防洪、护滩和引水等综合效果优的中水流路作为整治流路，宜充分利用已有整治建筑物或固定边界制定治导线。

（1）河道整治工程布局宜以坝护湾、以湾导流、保堤护滩。

（2）河槽整治，应依照中水治导线，因势利导合理修建控导工程，并应控导主流，稳定河槽，缩小游荡范围。

（3）治理滩地串沟宜采取工程、生物等措施，并应利用含沙洪水漫滩或将高含沙水流引入滩区淤高滩地。

（4）堤防临水侧堤脚附近的堤河，可采用自然或人工放淤的办法淤填。洪水常顺堤行洪的堤段，可修建防护工程。

1.8.2.5　潮汐河口段

潮汐河口段是指河流受潮汐影响在潮流界以下的河段。潮汐河口段的整治应根据径流、潮汐、风暴、地形、地质和河口形态合理进行河道整治工程布局，应经技术经济论证后，选取修建堤防、控制河势、导流输沙、整治河槽、保滩护岸或修建挡潮闸等整治措施。

（1）修建堤防应按安全下泄设计泄洪流量设计，并应兼顾周边生态环境和景观的要求。堤防的防护宜工程措施与生物措施相结合，可采取坡面护坡、滩面植草植树等措施。

（2）控制河势可采用修筑防护工程、控导工程，导流输沙可采用导流堤等整治措施。

（3）整治河槽宜在控制河势的基础上，依据中水治导线，合理设计河槽断面。并应选择相对稳定的落潮主槽为疏浚河槽。整治拦门沙和浅滩可采取疏浚或疏浚结合筑导堤等整治措施。

（4）对可能发生冲刷破坏的岸滩，可采用防护工程、控导工程等工程措施与植物措施相结合的形式进行保滩护岸。有条件的河段可采取放淤措施淤滩。

（5）经技术经济充分论证，潮汐河口确需建挡潮闸时，闸址宜靠近下游河口口门，并宜合理进行建筑物布置，宜利用上游来水、潮流和其他措施冲淤。

（6）多沙河流潮汐河口段除应对现行流路进行整治外，还应留足河道的摆动范围和一定的沉沙区域，并应规划若干条备用流路。

（7）大江大河的河口段整治，水沙运动复杂的河口段整治，以及在经济社会发展中占重要地位的河口段整治，均应进行河床演变分析、数学模型计算和河工模型试验，并应论证比选整治工程方案。

1.8.3　河道水力计算

河道整治设计应对河道分段后进行河道水力计算。各个分段应使计算河段内各水力要素无大的变化，河段两端断面宜选在无回流的渐变流断面。河道整治设计应根据整治河段内的建（构）筑物的功能、布置和结构型式，进行相关水力计算。拦河、临河、跨河的建（构）筑物，应进行过流能力和壅水计算。对可能引起河道冲淤变化的建（构）筑物，应进行冲淤分析计算。必要时，应进行相应的数学模型计算或河工模型试验研究。

1.8.3.1　计算断面间距

计算断面间距宜在1～4倍河槽宽范围内选取。计算断面间距在比降较大河段宜取小值，比降较小河段可取大值。水力要素、河道特性、河床组成变化急剧的河段断面间距宜缩小。

1.8.3.2　河道糙率

1. 天然河道的糙率

天然河道的糙率可采用下列方法分析确定：

(1) 当有水文站实测糙率资料时，应求出糙率与水位、流量等的关系后分析选定。

(2) 当有实测河道水面线和相应流量时，应采用水面线计算公式推求糙率。

(3) 当无实测资料时，宜根据地形、地貌、河床组成、水流条件等特性与本河段相似的本河道其他河段或其他河道的实测糙率资料进行类比分析后选定。确无相似河段可类比时，可查阅相关糙率取值手册分析选定。

2. 河道整治后的糙率

河道整治后的糙率应根据整治后的河道边界条件和水流特性，结合以往工程经验综合分析确定。

3. 复式断面的综合糙率

复式断面的主槽糙率和滩地糙率应分别确定。河道过水断面湿周上各部分糙率不同，应求出断面的综合糙率。河道形态、河床组成等沿河长方向的变化较大时，应分段确定糙率。

1.8.3.3　整治河段的水面线

在河道恒定流计算时，整治河段的水面线应根据控制站的水位和相应的河道流量，计入区间入流、出流等因素计算确定。对于河道内局部地方有突出的变化或阻水障碍物，产生较大的局部水流阻力时，应计算局部水头损失。对于干支流、河湖等洪涝水相互顶托的河段，应研究洪涝水组合和遭遇规律，并应根据设计条件推算不同组合情况的水面线，经综合分析后合理确定设计洪涝水位。分汊河段流量和水面线应按总流量等于各汊流量之和及各汊分流、汇流条件计算确定。计算的水面线成果，宜与实测或调查的水面线进行比较验证。

1.8.3.4　河段通过流量

因河段河线顺直、河道断面形状、尺寸、纵坡沿较长流程保持不变，边界条件无显著变化，过水断面面积仅随水深而变化，每个河段的水流沿流程各个断面的平均流速、水深等水力要素不变，所以几个河段均按照明渠恒定均匀流进行水力计算，见式（1.2）～式（1.4）。

$$Q=AC\sqrt{Ri} \tag{1.2}$$

$$C=\frac{1}{n}R^{\frac{1}{6}} \tag{1.3}$$

$$R=\frac{A}{\chi} \tag{1.4}$$

式中　Q——河段通过流量，m^3/s；

A——河段过流断面面积，m^2；

C——谢才系数，$m^{\frac{1}{2}}/s$；

R——水力半径，m；

n——河道的糙率；

χ——过水断面的湿周，m；

i——河道纵向底坡。

1.8.3.5　河段的设计流速与允许流速

设计流速是在河道拟订时选取设计流量时的河道断面平均流速，土渠的设计流速宜控制在 0.6～0.9m/s，最小不宜小于 0.3m/s，最大不宜超过 1.0m/s。

合理选择河道的设计方案，除考虑技术经济因素外，还应根据河道担负的生产任务（泄洪、排涝、航运等）、河槽表面的建筑材料、水流的含沙量及运行管理等技术方面的要求，对河道中的流速进行限制，使河道满足不冲不淤及其他技术要求。

1. 不冲流速 $v_{不冲}$

不冲流速是指河道免遭冲刷破坏的最大限制流速。其大小与边界土质性质（土壤种类、级配及密实程度）、衬砌材料、流量、水深、泥沙等情况有关，可参考表 1.18、表 1.19 选用。

表 1.18　黏性土渠道的不冲允许流速　　单位：m/s

土质	不冲允许流速	土质	不冲允许流速
轻壤土	0.60～0.80	重壤土	0.70～0.95
中壤土	0.65～0.85	黏土	0.75～1.00

注　表中所列不冲流速值为水力半径 $R=1.0$m 的情况。当 $R\neq1.0$m 时，表中所列值应乘以 R^{α}，指数 α 值可按下列情况采用：

(1) 疏松的壤土、黏土，$\alpha=1/4\sim1/3$。

(2) 中等密实的壤土和密实的壤土、黏土，$\alpha=1/5\sim1/4$。

表 1.19　非黏性土渠道的不冲允许流速　　单位：m/s

土质	粒径/mm	水深/m			
		0.4	1.0	2.0	≥3.0
淤泥	0.005～0.050	0.12～0.17	0.15～0.21	0.17～0.24	0.19～0.26
细砂	0.050～0.250	0.17～0.27	0.21～0.32	0.24～0.37	0.26～0.40
中砂	0.250～1.000	0.27～0.47	0.32～0.57	0.37～0.65	0.40～0.70
粗砂	1.000～2.500	0.47～0.53	0.57～0.65	0.65～0.75	0.70～0.80

续表

土质	粒径/mm	水深/m			
		0.4	1.0	2.0	≥3.0
细砾石	2.500～5.000	0.53～0.65	0.65～0.80	0.75～0.90	0.80～0.95
中砾石	5.000～10.00	0.65～0.80	0.80～1.00	0.90～1.10	0.95～1.20
大砾石	10.00～15.00	0.80～0.95	1.00～1.20	1.10～1.30	1.20～1.40
小卵石	15.00～25.00	0.95～1.20	1.20～1.40	1.30～1.60	1.40～1.80
中卵石	25.00～40.00	1.20～1.50	1.40～1.80	1.60～2.10	1.80～2.20
大卵石	40.00～75.00	1.50～2.00	1.80～2.40	2.10～2.80	2.20～3.00
小漂石	75.00～100.0	2.00～2.30	2.40～2.80	2.80～3.20	3.00～3.40
中漂石	100.0～150.0	2.30～2.80	2.80～3.40	3.20～3.90	3.40～4.20
大漂石	150.0～200.0	2.80～3.20	3.40～3.90	3.90～4.50	4.20～4.90
顽石	>200.0	>3.20	>3.90	>4.50	>4.90

注　表中所列不冲流速值为水力半径 $R=1.0\text{m}$ 的情况。当 $R\neq1.0\text{m}$ 时，表中所列值应乘以 R^{α}，指数 α 值可采用 $\alpha=1/5\sim1/3$。

2. 不淤流速 $v_{不淤}$

不淤流速是指保证河道中水流所携带的泥沙不淤积的最小流速。其大小与水流条件及泥沙特性等因素有关。

1.8.3.6　河道非恒定流计算

对于水流要素随时间变化较大的河流、河道调蓄作用较大的河段以及潮汐河口段，整治河段应进行河道设计洪水过程和其他非恒定流过程计算。

对于相对单一的较长河段，可采用一维河道非恒定流数学模型计算。对于水面宽阔的河段、洪泛区和潮汐河口段等，宜采用二维非恒定流数学模型计算。数学模型应采用新的实测河道地形资料和水文资料进行参数率定和模型验证。计算的初始条件、边界条件应根据计算河段的实际情况或设计要求合理确定。对于缺乏河道地形和糙率资料，而有一定水文实测资料的河段，也可采用河道非恒定流的简化算法。

工作任务2　拟 订 堤 防 工 程

2.1　工作任务

2.1.1　工程内容

(1) 明确堤身设计内容。
(2) 明确筑堤材料与填筑标准。
(3) 拟订土堤堤顶高程。
(4) 拟订土堤堤顶结构。
(5) 拟订土堤堤坡与戗台。
(6) 拟订土堤护坡与坡面排水。
(7) 拟订土堤防渗与排水设施。
(8) 土堤渗流计算、渗透稳定判断。
(9) 堤防抗滑稳定计算。
(10) 沉降计算。

2.1.2　工程概况

同前。

2.2　工作目标

(1) 学会运用现行规范。
(2) 学会拟订堤顶高程的方法。
(3) 学会拟订堤顶、堤坡、戗台及坡面排水结构的方法。
(4) 学会拟订土堤防渗与排水设施的方法。
(5) 学会堤防渗流计算、渗透稳定判断的方法。
(6) 学会堤防抗滑稳定计算的方法。
(7) 学会沉降计算的方法。

2.3　任务分组

按照表2.1填写学生任务分组名单。

表 2.1　　学生任务分组表

班级		组号		指导老师	
组长		学号			
组员					
任务分工					

2.4　获取信息（引导问题）

引导问题 1：河道堤顶高程应考虑哪些问题？

引导问题 2：拟订堤顶、堤坡、戗台及坡面排水结构时应考虑哪些问题？

引导问题 3：土堤渗流的原因是什么？

2.5　工作计划

按照河道工程资料，认真阅读、甄别可用参数，制订土堤堤防设计计划。

2.6　进度决策

通过提问、讲解，教师引导学生拟订出堤顶高程和堤顶结构、堤坡结构、戗台结构、坡面排水结构，进行堤防渗流计算，拟订出防渗措施，并进行堤防抗滑稳定计算及沉降计算，让学生对拟订的堤防方案进行验算分析、修订，最终拟订出较为合理的堤防方案。

2.7　工作实施

通过提问，由教师引导学生考虑影响河道堤顶高程的因素，拟订出堤顶高程；引领学生拟订出堤顶结构、堤坡结构、戗台结构和坡面排水结构；然后引导学生分析出土堤渗流的原因，制定出防渗措施；进而讲解堤防渗流计算的方法、堤防抗滑稳定计算的方法以及沉降计算的方法。带领学生一步步地对拟订的堤防进行渗流计算分析、稳定计算分析和沉降计算分析，从而验证拟订的堤防方案是否合理。如果合理，则确定方案，如果不合理，则需要重新拟订堤防方案，再验算分析，直至最终拟订出较为合理的堤防方案。

【步骤 1】 对筑堤材料与填筑标准提出要求，拟订相关参数

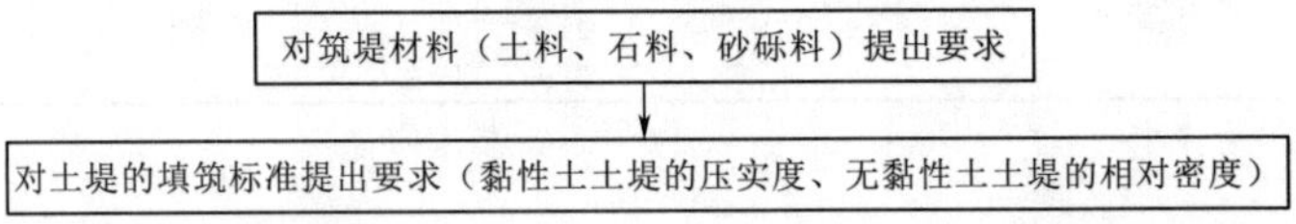

【步骤 2】 拟订河道堤顶高程

河道的堤顶高程按照设计水位加上安全加高值来确定，即：堤防高程＝设计水位＋安全加高值。其中，安全加高值按照表 2.2 确定。1 级堤防工程重要堤段的安全加高值，在经过论证后可适当加大，但不得大于 1.5m。山区河流洪水历时较短时，可适当降低安全加高值。步骤如下：

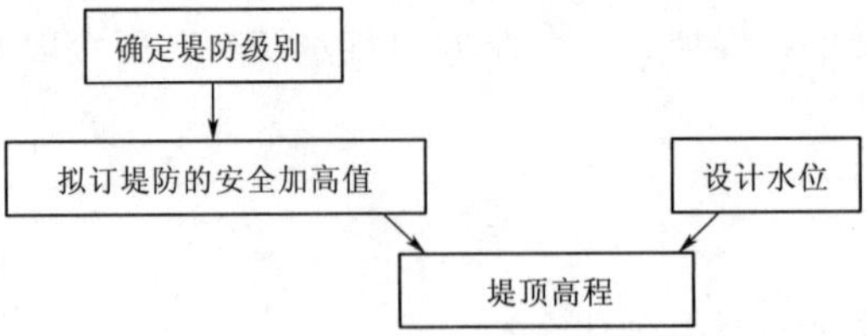

表 2.2　　堤防工程的安全加高值

堤防工程的级别		1	2	3	4	5
安全加高值/m	不允许越浪的堤防	1.0	0.8	0.7	0.6	0.5
	允许越浪的堤防	0.5	0.4	0.4	0.3	0.3

【步骤 3】 拟订出堤顶、堤坡、戗台及坡面排水结构

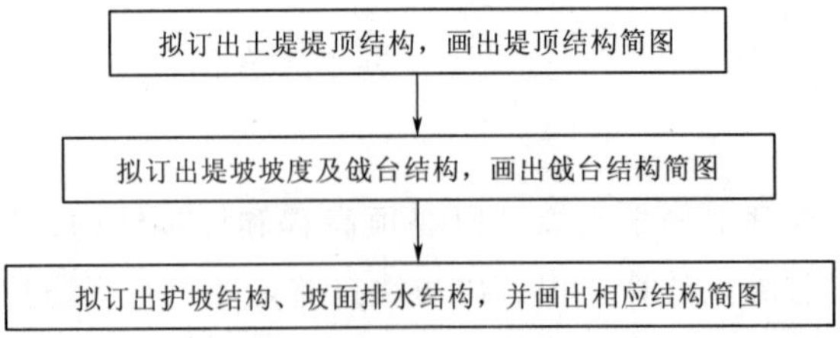

【步骤 4】 拟订出土堤防渗设施

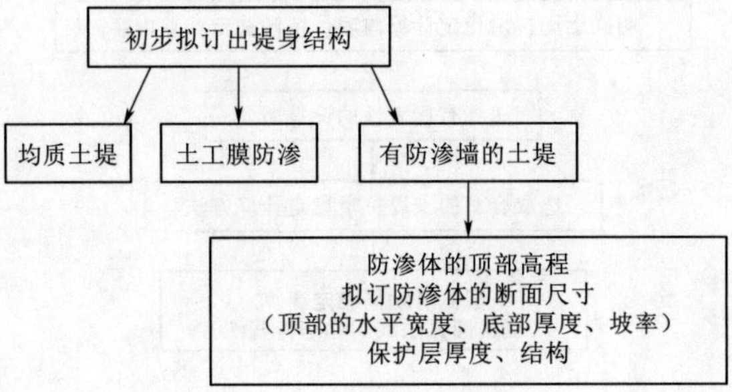

【步骤 5】 拟订出土堤排水设施

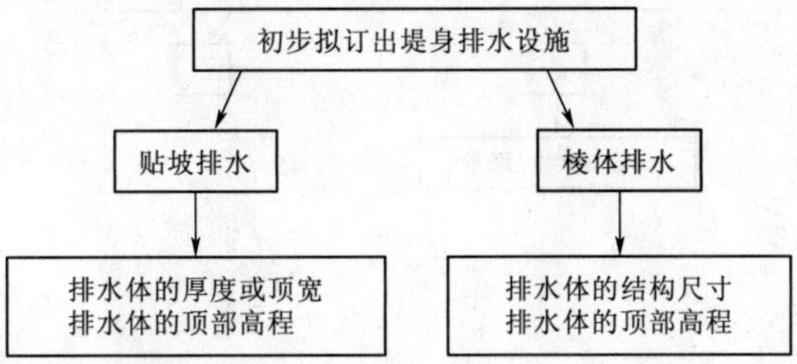

【步骤 6】 堤防渗流计算、渗透稳定判断

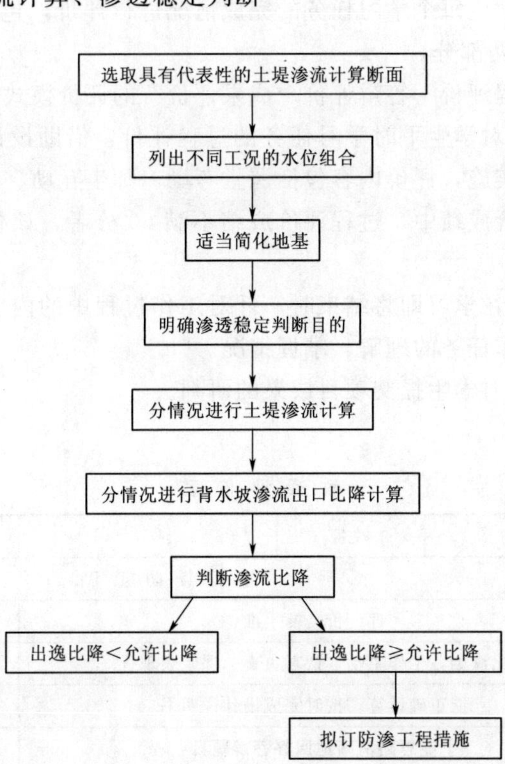

【步骤 7】 堤防抗滑稳定计算

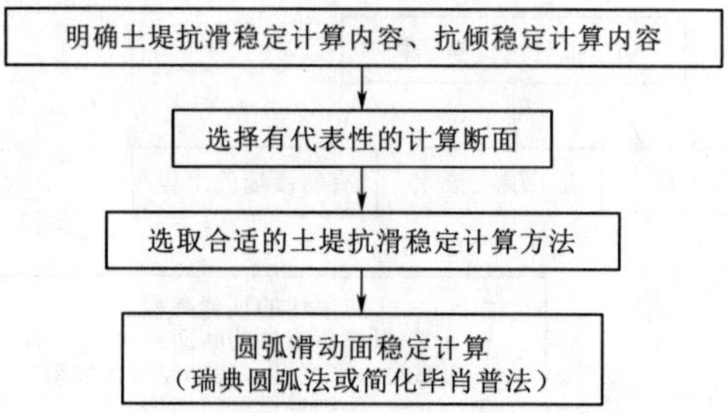

【步骤 8】 堤防沉降计算

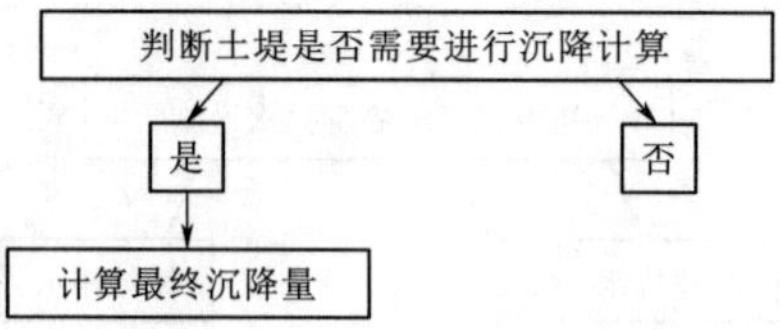

2.8　评价反馈

任务考核评价是对学生每个学习任务的完成情况进行评价，包括教师评价（占 50%）和学生自评（占 50%）两部分。

教师评价按照“过程评价＋答辩评价＋成果评价”的评价模式进行。

(1)“过程评价”是对学生平时学习任务的过程评价，借助设计教室、实训场及智能课堂等数字化学习平台实施，评价内容包括课堂考勤、师生互动、课堂表现、资源学习等方面，在确定本任务评价成绩中，过程评价成绩不满 60 分者，该任务成绩直接认定为不及格。

(2)“答辩评价”是在学习即将结束时，针对工作过程中的内容对学生进行抽题问答测试，以反映学生对工作任务的理解、掌握情况。

(3)“成果评价”是对学生提交项目成果的研判。

教师评价表见表 2.3。

表 2.3　　　　**教 师 评 价 表**

班级		姓名		学号	
学习任务 2	拟 订 堤 防 工 程				
评价项目	评　价　标　准			分值	得分
过程评价	出满勤，工作主动，认真负责，课堂表现优			40	
答辩评价	能正确计算，按时完成设计说明书			30	
成果评价	能思路清晰地回答答辩题目			30	
合　计				100	

学生评价可以采用学生自评和小组互评相结合的方式。学生自评表见表2.4。

表2.4 学生自评表

班级		姓名		学号	
学习任务2	拟订堤防工程				
评价项目	评价标准			分值	得分
①编制说明	对编制依据、工程概况、自然条件等进行正确说明			20	
②选用参数	能够正确选定参数			30	
③水力计算	用试算法或迭代法进行水力学计算			40	
④判定计算结果	判定现有堤防方案是否满足设计标准			10	
合计				100	

2.9 相关知识点

2.9.1 堤身设计内容

堤防是抵御洪（潮）水危害的重要工程措施，在历次抗洪（潮）灾害中发挥了巨大的作用。堤防工程是为了保护防护对象的安全而修建的，其自身无特殊的防洪要求。在我国现有的防洪体系中，同一个保护对象往往采用堤库结合等多种措施来防护，堤防工程的实际挡洪标准与流域规划的防洪工程体系有关，应根据保护对象或防洪保护区的防洪标准以及流域规划的要求分析确定。

堤防种类繁多，按照抵御水体类别可分为河堤、湖堤、海堤，按照筑堤材料可分为土堤、砌石堤、土石混合堤、钢筋混凝土防洪墙等，按照工程建设性质可分为新建堤防、加固老堤、扩建堤防、改建堤防。堤防工程的型式应根据河段所在的地理位置、重要程度、堤基地质、筑堤材料、水流及风浪特性、施工条件、运用和管理要求、环境景观、工程造价等因素，经技术经济比较联合确定。加固、改建、扩建的堤防工程应结合原有堤型、筑堤材料等因素选择堤型。城市的堤防工程应结合城市总体规划、市政设施建设、城市景观与亲水性等因素选择堤型。当相邻堤段采用不同堤型时，堤型变换处应做好连接处理。我国堤防工程大部分是土堤或土石混合堤，其加高、加固相对比较容易，而水闸、涵洞、泵站等建筑物及其他构筑物一般为钢筋混凝土、混凝土或浆砌石结构，加高、改建比较困难；堤防工程自身的防洪安全直接关系到防护区人民生命财产和生态环境的安全，其与建筑物的接合部在洪水通过时易出现险情，引起溃决。

堤防工程设计应满足稳定、应力、变形、渗流控制等方面的要求，还应兼顾河道生态、周边环境及景观要求，应符合现行国家标准《堤防工程设计规范》（GB 50286—2013）的有关规定。根据规划的治导线、设计整治河宽、堤距和堤线统筹安排、合理布置。

位于地震峰值加速度0.10g及以上地区的Ⅰ级堤防工程，经主管部门批准，应进行抗震设计。

堤身的结构设计应经济实用、就地取材、便于施工和维护，并应满足防汛和管理的要求。依据堤基条件、筑堤材料及运行要求分段进行。堤身各部位的结构与尺寸，应经稳定计算和技术经济比较后确定。

土堤堤身设计包括：堤身断面布置、填筑标准、堤顶高程、堤顶结构、堤坡与戗台、护坡与坡面排水、防渗与排水设施等。其中，戗台是指为保障堤防工程安全，对堤身较高的堤段，在堤坡适当部位设置的具有一定宽度的平台；护坡是指防止堤防边坡受水流、雨水、风浪的冲刷侵蚀而修筑的坡面保护设施。

通过古河道、堤防决口堵复、海堤港汊堵口等地段的堤身断面，应根据水流、堤基、施工方法及筑堤材料等条件，结合各地的实践经验，经专门研究后确定。

2.9.2　堤防工程的防洪标准及级别

2.9.2.1　堤防工程的防洪标准

堤防工程保护对象的防洪标准应按现行国家标准《防洪标准》（GB 50201—2014）的有关规定执行。堤防工程的防洪标准应根据保护区内保护对象的防洪标准和经审批的流域防洪规划、区域防洪规划综合研究确定，并应符合下列规定：

（1）保护区仅依靠堤防工程达到其防洪标准时，堤防工程的防洪标准应根据保护区内防洪标准较高的保护对象的防洪标准确定。

（2）保护区依靠包括堤防工程在内的多项防洪工程组成的防洪体系达到其防洪标准时，堤防工程的防洪标准应按经审批的流域防洪规划、区域防洪规划中堤防工程所承担的防洪任务确定。

（3）蓄、滞洪区堤防工程的防洪标准应根据经审批的流域防洪规划、区域防洪规划的要求确定。

根据保护对象的重要程度和失事后遭受洪灾损失的影响程度，可适当降低或提高堤防工程的防洪标准。当采用低于或高于规定的防洪标准时，应进行论证并报水行政主管部门批准。

2.9.2.2　堤防工程的级别

堤防工程的级别应根据确定的保护对象的防洪标准，按表 2.5 的规定确定。

表 2.5　　堤防工程的级别

防洪标准/[重现期(年)]	≥100	<100,≥50	<50,≥30	<30,≥20	<20,≥10
堤防级别	1	2	3	4	5

对于遭受洪（潮）灾或失事后损失巨大、影响十分严重的堤防工程，其级别可适当提高；遭受洪（潮）灾或失事后损失及影响较小或使用期限较短的临时堤防工程，其级别可适当降低。提高或降低堤防工程级别时，1 级和 2 级堤防工程应报国务院水行政主管部门批准，3 级及以下堤防工程应报流域机构或省级水行政主管部门批准。

对于堤防工程上的闸、涵、泵站等建筑物及其他构筑物的设计防洪标准，不应低于堤防工程的防洪标准。

2.9.3　筑堤材料与填筑标准

2.9.3.1　选择筑堤材料

堤防工程设计贯彻因地制宜、就地取材的原则，并结合工程具体情况，采用安全、经济的新技术、新材料、新工艺。筑堤土料、石料及砂砾料等筑堤材料的选择，应符合以下几点要求。

(1) 均质土堤的土料宜选用黏粒含量为10%～35%、塑性指数为7～20的黏性土，且不得含植物根茎、砖瓦垃圾等杂质；填筑土料含水率与最优含水率的允许偏差为±3%；铺盖、心墙、斜墙等防渗体宜选用防漆性能好的土；堤后盖重宜选用砂性土。

(2) 砌墙及护坡的石料应质地坚硬，冻融损失率应小于1%，石料外形应规整，边长比宜小于4。护坡石料粒径应满足抗冲要求，填筑石料最大粒径应满足施工要求。

(3) 垫层和反滤层的砂砾料宜为连续级配、耐风化、水稳定性好。砂砾料用于反滤时含泥量宜小于10。

对于淤泥类土、天然含水率不符合要求或黏粒含量过多的黏土、冻土块、杂填土以及水稳定性差的膨胀土、分散性土等，不宜作堤身填筑土料，当需要时，应采取相应的处理措施。

2.9.3.2　拟订填筑标准

土堤的填筑标准应根据堤防级别、堤身结构、土料特性、自然条件、施工机具及施工方法等因素，综合分析确定。

(1) 黏性土土堤的填筑标准应按压实度确定。

1) 对于1级堤防，其压实度值不小于0.95。

2) 对于2级和堤身高度不小于6m的3级堤防，其压实度值不小于0.93。

3) 对于堤身高度小于6m的3级及3级以下堤防，其压实度值不小于0.91。

(2) 无黏性土土堤的填筑标准应按相对密度确定。

1) 对于1级、2级和堤身高度不小于6m的3级堤防，其相对密度不小于0.65。

2) 对于堤身高度小于6m的3级及3级以下堤防，其相对密度不小于0.60。

对于有抗震要求的堤防应按现行行业标准《水工建筑物抗震设计标准》(GB 51247—2018) 的有关规定执行。

当用石渣料作堤身填料时，其固体体积率大于76%，相对孔隙率不大于24%。

对于决口堵复、港汊堵口、水中筑堤、软弱堤基上的土堤，设计填筑标准应根据采用的施工方法、土料性质等条件，并结合已建成的类似堤防工程的填筑标准分析确定。

2.9.4　拟订堤顶高程

堤顶高程应按设计洪水位或设计高潮位加堤顶超高确定。设计洪水位应按现行行业标准《水利工程水利计算规范》(SL 104—2015) 的有关规定计算。堤顶超高应按式 (2.1) ～式 (2.5) 计算。

$$Y=R+e+A \tag{2.1}$$

$$R_P=\frac{K_{\Delta}K_VK_PK_{\beta}}{\sqrt{1+m^2}}\sqrt{H_PL}\quad \left(单一斜坡\ m=1.5\sim5.0、\frac{\overline{H}}{L}\geqslant0.025\right) \tag{2.2}$$

$$m=\cot\alpha \tag{2.3}$$

$$R_P=K_{\Delta}K_VK_PR_0\overline{H}\quad \left(单一斜坡\ m\leqslant1.0、\frac{\overline{H}}{L}\geqslant0.025\right) \tag{2.4}$$

$$e=\frac{KV^2F}{2gd}\cos\beta \tag{2.5}$$

式中　Y——堤顶超高，m；

R——设计波浪爬高，m；

R_P——累计频率为 P 的波浪爬高，m，当斜坡坡率 $m=1.5\sim5.0$、$\frac{\overline{H}}{L}\geqslant0.025$ 时按照式（2.2）确定；当斜坡坡率 $m\leqslant1.0$、$\frac{\overline{H}}{L}\geqslant0.025$ 时按照式（2.4）确定；当斜坡坡率 $1.0<m<1.5$ 时可由 $m=1.0$ 和 $m=1.5$ 的计算值按内插法确定；

K_{Δ}——斜坡的糙率及渗透性系数，根据护面类型按表 2.6 确定；

K_V——经验系数，可根据风速 V(m/s)、堤前水深 d(m)、重力加速度 g(m/s²) 组成的无维量 $\frac{V}{\sqrt{gd}}$，按表 2.7 确定；

K_P——R_P 和平均爬高 $\overline{R}$ 比值 $\frac{R_P}{\overline{R}}$ 的爬高累积频率换算系数，可按表 2.8 确定。对不允许越浪的堤防，爬高累积频率宜取 2%；对允许越浪的堤防，应根据越浪量大小，采取相应的防护措施；

K_{β}——系数，当堤坡坡率 $m\geqslant1$ 时，可按照表 2.9 确定；

m——单一斜坡坡率；

α——斜坡坡角，(°)；

H_P——累计频率为 P 的波高，m，$H_P=\frac{H_P}{\overline{H}}\overline{H}$，其中 $\frac{H_P}{\overline{H}}$ 可按表 2.12 确定；

$\overline{H}$——堤前波浪的平均波高，m，可按式（2.10）计算；

L——堤前波浪的平均波长，m，可按式（2.13）计算；

R_0——无风情况下，光滑不透水护面 $K_{\Delta}=1$、$H=1$m 时的波浪爬高，m，可按照表 2.10 确定；

e——设计风壅水面高度，即风壅水面超出原库水位高度的最大值，m；对于海堤，当设计高潮位中包括风壅水面高度时，不另计；

K——综合摩阻系数，其值变化在（1.5～5.0）$\times10^{-6}$ 之间，计算时一般取 $K=3.6\times10^{-6}$；

V——计算风速，按照计算波浪的风速确定，采用水面以上 10m 高处的自记 10min 平均风速；

F——由计算点逆风向量测到对岸的距离，m；

d——水域的平均水深，m；

β——风向与堤轴线的法线的夹角，(°)；

A——安全加高值，按照表2.11确定，m，1级堤防工程重要堤段的安全加高值经过论证可适当加大，但不得大于1.5m；山区河流洪水历时较短时可适当降低安全加高值。

表2.6　　斜坡的糙率及渗透性系数K_Δ

护面类型	K_Δ	护面类型	K_Δ
光滑不透水护面（沥青混凝土、混凝土）	1.00	混凝土板	0.95
草皮	0.90	砌石	0.80
抛填2层块石（不透水堤心）	0.60～0.65	抛填2层块石（透水堤心）	0.50～0.55

注　当$m\leqslant 1.0$时，砌石护面取$K_\Delta=1.0$。

表2.7　　经验系数K_V

$\frac{V}{\sqrt{gd}}$	≤1.0	1.5	2.0	2.5	3.0	3.5	4.0	≥5.0
K_V	1.00	1.02	1.08	1.16	1.22	1.25	1.28	1.30

表2.8　　经验系数K_P

$\frac{H}{d}$	P/%									
	0.1	1	2	3	4	5	10	13	20	50
<0.1	2.66	2.23	2.07	1.97	1.90	1.84	1.64	1.54	1.39	0.96
0.1～0.3	2.44	2.08	1.94	1.86	1.80	1.75	1.57	1.48	1.35	0.97
>0.3	2.13	1.86	1.76	1.70	1.65	1.61	1.48	1.40	1.31	0.99

表2.9　　系数K_β

β/(°)	≤15	20	30	40	50	60	90
K_β	1.00	0.96	0.92	0.87	0.82	0.76	0.6

表2.10　　R_0

$m=\cot\alpha$	0	0.5	1.0
R_0	1.24	1.45	2.20

表2.11　　堤防工程的安全加高值A

堤防工程的级别		1	2	3	4	5
安全加高值A/m	不允许越浪的堤防	1.0	0.8	0.7	0.6	0.5
	允许越浪的堤防	0.5	0.4	0.4	0.3	0.3

对于带有平台的复式斜坡堤（图 2.1）的波浪爬高，可先确定该断面的折算坡率m_c，再按照坡率为m_c的单坡断面确定其爬高。折算坡率m_c可按照式（2.6）计算。此折算坡率法适用于：$m_上=1.0\sim4.0$，$m_下=1.5\sim3.0$，$\frac{d_w}{L}=-0.025\sim+0.025$，$0.05<\frac{B}{L}\leqslant0.25$的情况。

（1）当 $\Delta m=(m_下-m_上)=0$ 时，

$$m_c=m_上\left(1-4.0\frac{|d_w|}{L}\right)K_b \tag{2.6}$$

$$K_b=1+3\frac{B}{L} \tag{2.7}$$

（2）当 $\Delta m>0$ 时，

$$m_c=(m_上+0.3\Delta m-0.1\Delta m^2)\left(1-4.5\frac{|d_w|}{L}\right)K_b \tag{2.8}$$

（3）当 $\Delta m<0$ 时，

$$m_c=(m_上+0.5\Delta m+0.08\Delta m^2)\left(1+3.0\frac{|d_w|}{L}\right)K_b \tag{2.9}$$

式中 $m_上$——平台以上的斜坡坡率；

$m_下$——平台以下的斜坡坡率；

d_w——平台的水深，当平台在静水位以下时取正值；当平台在静水位以上时取正值，$|d_w|$表示取绝对值，m；

B——平台宽度，m；

L——波长，m。

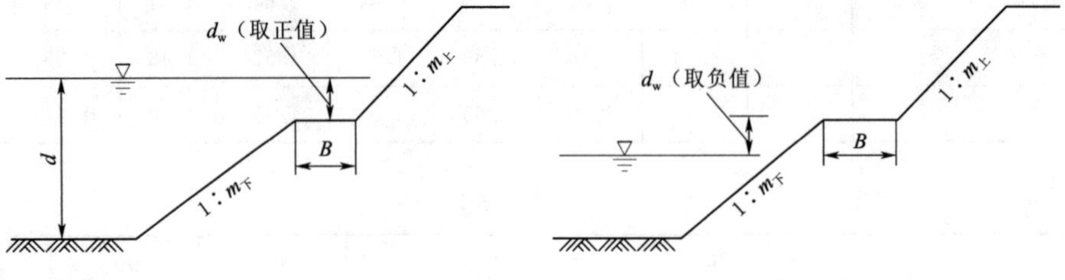

图 2.1 带有平台的复式斜坡堤

风浪要素可按式（2.10）～式（2.14）计算。

$$\frac{g\overline{H}}{V^2}=0.13\text{th}\left[0.7\left(\frac{gd}{V^2}\right)^{0.7}\right]\text{th}\left\{\frac{0.0018\left(\frac{gF}{V^2}\right)^{0.45}}{0.13\text{th}\left[0.7\left(\frac{gd}{V^2}\right)^{0.7}\right]}\right\} \tag{2.10}$$

$$\frac{g\overline{T}}{V}=13.9\left(\frac{g\overline{H}}{V^2}\right)^{0.5} \tag{2.11}$$

$$\frac{gt_{\min}}{V}=168\left(\frac{g\overline{T}}{V}\right)^{3.45} \tag{2.12}$$

$$L=\frac{g\,\overline{T}^2}{2\pi}\text{th}\,\frac{2\pi d}{L} \tag{2.13}$$

$$\text{th}(x)=\frac{e^x-e^{-x}}{e^x+e^{-x}} \tag{2.14}$$

式中　$\overline{H}$——平均波高，m；

$\overline{T}$——平均波周期，s；

V——计算风速，m/s；

F——风区长度，m；

d——水域的平均水深，m；

g——重力加速度；

$t_{\min}$——风浪达到定常状态的最小风时，s；

L——按平均波周期计算的波长，m。

累计频率为 P 的波高 H_P 与平均波高 $\overline{H}$ 的比值 $\frac{H_P}{\overline{H}}$ 可以按照表 2.12 确定。对于河、湖堤防，设计波浪要素可采用风速推算的方法计算确定（设计波浪的计算风速还可采用历年汛期最大风速平均值的 1.5 倍）；对于河口、海岸堤防，当工程地点有 20 年以上的长期测波资料时，设计波高可采用年最大波高系列进行频率分析的方法确定，其重现期可采用设计潮位的重现期；当工程地点无长期测波资料时，在风区长度不大于 100km 条件下，设计波浪要素可采用风速推算的方法计算确定（计算风速重现期可采用设计潮位的重现期），在开敞水域条件下，可采用历史地面天气图确定风场，并采用风场推算风浪要素方法确定设计波高。

表 2.12　　累计频率为 P 的波高 H_P 与平均波高 $\overline{H}$ 的比值 $\frac{H_P}{\overline{H}}$

$\frac{\overline{H}}{d}$	P/%									
	0.1	1	2	3	4	5	10	13	20	50
0	2.97	2.42	2.23	2.11	2.02	1.95	1.71	1.61	1.43	0.94
0.1	2.70	2.26	2.09	2.00	1.92	1.86	1.65	1.56	1.41	0.96
0.2	2.46	2.09	1.96	1.88	1.81	1.76	1.59	1.59	1.37	0.98
0.3	2.23	1.93	1.82	1.76	1.70	1.66	1.52	1.52	1.34	1.00
0.4	2.01	1.78	1.69	1.64	1.60	1.56	1.44	1.44	1.30	1.01
0.5	1.80	1.63	1.56	1.52	1.49	1.46	1.37	1.37	1.25	1.01

流冰期易发生冰塞、冰坝的河段，堤顶高程除应按式（2.1）计算外，还应根据历史凌汛水位和风浪情况进行专门分析论证后确定。

当土堤临水侧堤肩设有防浪墙（防止波浪翻越堤顶而在堤顶挡水前沿设置的墙体）时，防浪墙顶高程应按式（2.1）计算，但应保证土堤顶面高程应高出设计水位 0.5m 以上。

2.9.5　拟订堤顶结构

堤顶宽度应根据防汛、管理、施工、构造及其他要求确定。对于 1 级堤防，其堤顶宽度宜≥8m；对于 2 级堤防，其堤顶宽度宜不小于 6m；对于 3 级及以下堤防，其堤顶宽度宜≥3m。

当工程需要回车场、避车道、存料场时，可在堤顶设计宽度以外设置。上堤坡道的位置、坡度、顶宽、结构等可根据需要确定。临水侧上堤坡道宜顺水流方向布置。

堤顶路面结构应根据防汛、管理的要求，并结合堤身土质、气象、是否允许越浪等条件进行选择。堤顶应向一侧或两侧倾斜，坡度宜采用 2%～3%。

防浪墙可采用浆砌石、混凝土等结构型式。防浪墙净高不宜超过 1.2m，埋置深度应满足稳定和抗冻要求。风浪大的海堤、湖堤的防浪墙临水侧可做成反弧曲面。防浪墙应设置变形缝，并应进行强度和稳定性核算。

2.9.6　拟订堤坡与戗台

堤坡应根据堤防级别、堤身结构、堤基、筑堤土质、风浪情况、护坡型式、堤高、施工及运用条件，经稳定计算确定。1 级、2 级土堤的堤坡不宜陡于 1∶3。

戗台应根据堤身稳定、管理、排水、施工的需要分析确定。当堤高超过 6m 时，背水侧宜设置戗台，戗台的宽度宜≥1.5m。

风浪大的堤段临水侧宜设置消浪平台，其宽度可为设计浪高的 1～2 倍，且宜≥3m。消浪平台应采用浆砌大块石、竖砌条石、混凝土等进行防护。

2.9.7　拟订堤防护坡与坡面排水

护坡的结构型式应安全实用、便于施工和维护。对不同堤段或同一坡面的不同部位可选用不同的护坡型式。

临水侧护坡的型式应根据风浪大小、近堤水流、潮流情况，结合堤防级别、堤高、堤身与堤基土质等因素确定。通航河流能行波作用较强烈的堤段应分析船行波的作用和影响。背水侧护坡的型式应根据当地的暴雨强度、越浪要求，并结合堤高和土质情况确定。

土堤堤坡宜采用草皮等生态护坡；受水流冲刷或风浪作用强烈的堤段，临水侧坡面可采用砌石、混凝土等护坡型式。

护坡的结构尺寸根据计算拟订。对于高度低于 3m 的堤防，其护坡结构尺寸可按已建同类堤防选定。

设置垫层。砌石、混凝土等护坡与土体之间应设置垫层。垫层可采用砂、砾石或碎石、石渣和土工织物，砂石垫层厚度应≥0.1m。风浪大的堤段的护坡垫层可适当加厚。

护坡排水孔。浆砌石、混凝土等护坡应设置排水孔，孔径可为 50～100mm，孔距可为 2～3m，宜呈梅花形布置。浆砌石、混凝土护坡应设置变形缝。

设置基座。在砌石、混凝土护坡在堤脚、戗台或消浪平台两侧或改变坡度处，均应设置基座，堤脚处基座埋深宜≥0.5m，护坡与堤顶相交处应牢固封顶，封顶宽度可为 0.5～1.0m。

防护结构。海堤临水侧可采用斜坡式、陡墙式或复合式防护型式，并应根据堤身、堤基、堤前水深、风浪大小以及材料、施工等因素经技术经济比较确定。陡墙式护坡宜采用重力挡土墙结构，其断面尺寸应由稳定和强度计算确定。砌置深度宜不小于 1.0m，墙与体之间应设置过渡层，过渡层可由砂砾、碎石或石渣填筑，其厚度可为 0.5～1.0m。复合式护坡宜结合变坡设置平台，平台的高程应根据消浪要求确定。

对于风浪强烈的海堤，其临水侧坡面的防护宜采用混凝土或钢筋混凝土异型块体，异型块体的结构及布置可根据消浪的要求，经计算确定。重要堤段应通过试验确定。

其他排水设施。当高于 6m 的土堤受雨水冲刷严重时，宜在堤顶、堤坡、堤脚以及堤坡与山坡或其他建筑物结合部设置排水设施。

平行堤轴线的排水沟可设在戗台内侧或近堤脚处，坡面竖向排水沟可每隔 50～100m 设置一条，并应与平行堤轴向的排水沟连通。排水沟可采用混凝土或砌石结构，其尺寸与底坡坡度可由计算或结合已有工程的经验确定。

2.9.8 拟订堤防防渗与排水设施

堤身的防渗与排水体的布设应与堤基防渗与排水设施统筹布置，并应使堤身防渗和堤基防渗紧密结合。

堤身防渗的结构型式应根据渗流计算及技术经济比较合理确定。

堤身防渗宜采用均质土堤型式，也可采用心墙、斜墙或其他防渗墙型式。

防渗材料可采用黏土、混凝土、沥青混凝土、土工膜等材料。堤身的防渗体应满足渗透稳定以及施工与构造的要求。

(1) 防渗体的顶部应高出设计水位 0.5m。

(2) 土质防渗体的断面应自上而下逐渐加厚。

(3) 顶部的水平宽度宜不小于 1m，底部厚度宜不小于堤前设计水深的 1.4 倍。

(4) 土质防渗体的顶部和斜墙的临水侧应设置保护层。

(5) 保护层的厚度应不小于当地冻结深度。

当采用土工膜作为堤身防渗材料时，可用斜向或垂直铺塑形式，土工膜与土工织物的使用应符合现行国家标准《土工合成材料应用技术规范》（GB/T 50290—2014）的有关规定。

堤身排水可采用深入背水坡脚或贴坡滤层。滤层材料可采用砂、砾料或土工织物等材料。砂、砾石排水体的厚度或顶宽宜不小于 1m。当堤身采用贴坡排水时，排水体的顶部应高出浸润线出逸点 0.5～1.0m。

2.9.9 堤防渗流及渗透稳定计算

我国的堤防工程堤坡普遍采用草皮护坡，不设排水设备，雨水可以渗入堤身土体内，当汛期江河发生洪水时，有可能遭遇长期降雨，在降雨量较大的情况下，对填土渗透系数较大（$K>1\times10^{-4}$cm/s）的堤身，含水率达到饱和状态的土层较厚，甚至使浸润线抬高时，堤防应进行渗流计算及堤坡稳定性验算，计算求得渗流场内的水头、压力、比降、渗流量等水力要素，应进行渗透稳定分析，并应选择经济合理的防渗、排水设计方案或加固补强方案。

2.9.9.1　计算断面

土堤渗流计算断面应具有代表性，并应进行下列计算。

（1）应核算在设计洪水持续时间内浸润线的位置，当在背水侧堤坡逸出时，应计算出逸点的位置、逸出段与背水侧堤基表面的出逸比降。

（2）当堤身、堤基土渗透系数不小于 1×10^{-3}cm/s 时，应计算渗流量。

（3）应计算洪水或潮水水位降落时临水侧堤身内的自由水位。

2.9.9.2　水位组合

1. 河、湖的堤防渗流计算组合

河、湖的堤防渗流计算应包括下列水位的组合：

（1）临水侧为设计洪水位，背水侧为相应水位。

（2）临水侧为设计洪水位，背水侧为低水位或无水。

（3）洪水降落时对临水侧堤坡稳定最不利的情况。

2. 感潮河流河口段的堤防渗流计算组合

感潮河流河口段的堤防渗流计算应包括下列水位的组合：

（1）以设计潮水位或台风期大潮平均高潮位作为临海侧水位、背海侧水位为相应的水位、低水位或无水等情况。

（2）以大潮平均高潮位计算渗流浸润线。

（3）以平均潮位计算渗流量。

（4）潮位降落时对临水侧堤坡稳定最不利的情况。

2.9.9.3　地基简化原则

进行渗流计算时，对比较复杂的地基情况可作适当简化，并应符合下列规定：

（1）对于渗透系数相差 5 倍以内的相邻薄土层可视为一层，可采用加权平均的渗透系数作为计算依据。

（2）双层结构地基，当下卧土层的渗透系数小于上层土层的渗透系数 100 倍及以上时，可将下卧土层视为不透水层；表层为弱透水层时，可按双层地基计算。

（3）当直接与堤底连接的地基土层的渗透系数大于堤身的渗透系数 100 倍及以上时，可视为堤身不透水，可仅对堤基进行渗流计算。

2.9.9.4　堤防渗透稳定性判断

1. 土的渗透变形特征

土的渗透变形特征应根据土的颗粒组成、密度和结构状态等因素综合分析确定。

（1）土的渗透变形宜分为流土、管涌、接触冲刷和接触流失四种类型。

（2）黏性土的渗透变形主要是流土和接触流失两种类型。

（3）对于重要工程或不易判别渗透变形类型的土，应通过渗透变形试验确定。

2. 土堤的渗透稳定性判断和计算

土堤的渗透稳定应进行下列判断和计算：

（1）判别土的渗透变形类型。

(2) 确定流土、管涌的临界水力比降。

(3) 确定土的允许水力比降。

(4) 判别堤身和堤基土体的渗透稳定性。

(5) 判别堤防背水侧渗流出逸段的渗透稳定性。

3. 计算土的不均匀系数

土的不均匀系数应采用式 (2.15) 计算。

$$C_u=\frac{d_{60}}{d_{10}} \tag{2.15}$$

式中　C_u——土的不均匀系数；

d_{60}——小于该粒径的含量占总土重 60%的颗粒粒径，mm；

d_{10}——小于该粒径的含量占总土重 10%的颗粒粒径，mm。

4. 确定细颗粒的含量

细颗粒含量的确定应符合下列规定：

(1) 对于级配不连续的土，颗粒大小分布曲线上至少有一个以上粒组的颗粒含量不大于 3%的土，称为级配不连续的土。以上述粒组在颗粒大小分布曲线上形成的平缓段的最大粒径和最小粒径的平均值或最小粒径作为粗、细颗粒的区分粒径 d，相应于该粒径的颗粒含量为细颗粒含量 P。

(2) 对于级配连续的土，粗、细颗粒的区分粒径为

$$d_{10}=\sqrt{d_{70}d_{10}} \tag{2.16}$$

式中　d_{70}——小于该粒径的含量占总土重 70%的颗粒粒径，mm。

5. 判别无黏性土的渗透变形类型

无黏性土渗透变形类型的判别可采用以下方法。

(1) 对于不均匀系数 $C_u\leqslant 5$ 的土，可判为流土。

(2) 对于不均匀系数 $C_u>5$ 的土，可采用下列判别方法：

1) 流土：$P\geqslant 35\%$。

2) 过渡型取决于土的密度、粒级和形状：$25\%\leqslant P<35\%$。

3) 管涌：$P<25\%$。

(3) 接触冲刷的判别方法。接触冲刷宜采用下列方法判别：对于双层结构地基，当两层土的不均匀系数均≤10，且符合下式规定的条件时，不会发生接触冲刷。

$$\frac{D_{10}}{d_{10}}\leqslant 10 \tag{2.17}$$

式中　D_{10}——较粗一层土的颗粒粒径，mm，小于该粒径的土重占总土重的 10%；

d_{10}——较细一层土的颗粒粒径，mm，小于该粒径的土重占总土重的 10%。

(4) 接触流失的判别方法。接触流失宜采用下列方法判别：对于渗流向上的情况，符合下列条件将不会发生接触流失。

1) 对于不均匀系数≤5 的土层，有：

$$\frac{D_{15}}{d_{85}}\leqslant 5 \tag{2.18}$$

式中　D_{15}——较粗一层土的颗粒粒径，mm，小于该粒径的土重占总土重的 15%；

d_{85}——较细一层土的颗粒粒径，mm，小于该粒径的土重占总土重的 85%。

2）对于不均匀系数≤10 的土层，有：

$$\frac{D_{20}}{d_{70}} \leqslant 7 \tag{2.19}$$

式中　D_{20}——较粗一层土的颗粒粒径，mm，小于该粒径的土重占总土重的 20%；

d_{70}——较细一层土的颗粒粒径，mm，小于该粒径的土重占总土重的 70%。

6. 判别流土与管涌的临界水力比降

流土与管涌的临界水力比降宜采用下列方法确定。

(1) 流土型宜采用式 (2.20) 计算。

$$J_{cr} = (G_s - 1)(1 - n) \tag{2.20}$$

式中　J_{cr}——土的临界水力比降；

G_s——土粒比重；

n——土的孔隙率（以小数计）。

(2) 管涌型或过渡型可采用式 (2.21) 计算。

$$J_{cr} = 2.2(G_s - 1)(1 - n)^2 \frac{d_5}{d_{20}} \tag{2.21}$$

式中　J_{cr}——土的临界水力比降；

G_s——土粒比重；

n——土的孔隙率（以小数计）；

d_5——小于该粒径的含量占总土重的 5%，mm；

d_{20}——小于该粒径的含量占总土重的 20%，mm。

(3) 管涌型也可采用式 (2.22) 计算。

$$J_{cr} = \frac{42 d_3}{\sqrt{\dfrac{k}{n^3}}} \tag{2.22}$$

式中　J_{cr}——土的临界水力比降；

k——土的渗透系数，cm/s；

n——土的孔隙率（以小数计）；

d_3——小于该粒径的含量占总土重的 3%，mm。

7. 确定无黏性土的允许比降

无黏性土的允许比降宜采用下列方法确定。

(1) 以土的临界水力比降除以 1.5～2.0 的安全系数；当渗透稳定对水工建筑物的危害较大时，取安全系数 2；对于特别重要的工程也可用安全系数 2.5。

(2) 当无试验资料时，可根据表 2.13 选用经验值，说明表中数据不适用于渗流出口有反滤层的情况。

8. 判定渗流结果

背水侧堤坡及地基表面溢出段的渗流比降应小于允许比降；当出逸比降大于允许比降

时，应采取反滤、压重等保护措施。

表 2.13　无黏性土允许水力比降

允许水力比降	渗透变形类型					
	流土型			过渡型	管涌型	
	$C_u \leqslant 3$	$3 < C_u < 5$	$C_u \geqslant 5$		级配连续	级配不连续
$J_{允许}$	0.25～0.35	0.35～0.50	0.50～0.80	0.25～0.40	0.15～0.25	0.10～0.20

注　C_u 为土的不均匀系数。

2.9.9.5　堤防渗流及渗透稳定计算

江湖堤防在汛期挡水时间长，能形成稳定的渗流浸润线；海堤及有些江、湖堤防挡水时间短，在汛期往往未能形成稳定渗流。因此，应根据实际情况按稳定渗流或不稳定渗流计算浸润线及渗流稳定性。

对于均质土堤的渗流计算，可根据实际情况分为稳定渗流计算和不稳定渗流计算。大江大河（湖泊）的堤防或中小河重要的堤段可按稳定渗流根据公式法计算，重要堤防的渗流计算宜采用有限元法。

1. 不透水堤基均质土堤渗流计算

(1) 下游坡无排水设备或有贴坡式排水时（图 2.2），可以按照式（2.23）～式（2.27）进行渗流计算。

$$\frac{q}{k}=\frac{H_1^2-h_0^2}{2(L_1-m_2h_0)} \tag{2.23}$$

$$\frac{q}{k}=\frac{h_0-H_2}{m_2+0.5}\left[1+\frac{H_2}{h_0-H_2+\dfrac{m_2H_2}{2(m_2+0.5)^2}}\right] \tag{2.24}$$

$$L_1=L+\Delta L \tag{2.25}$$

$$\Delta L=\frac{m_1}{2m_1+1}H_1 \tag{2.26}$$

$$y=\sqrt{h_0^2+2\frac{q}{k}x} \tag{2.27}$$

式中　q——单位宽度渗流量，$m^3/(s \cdot m)$；

k——堤身渗透系数，m/s；

H_1——上游水位，m；

H_2——下游水位，m；

h_0——下游出逸点高度，m；

m_1——上游坡坡率；

m_2——下游坡坡率；

L——上游水位与上游堤坡交点距下游堤脚或排水体上游端部的水平距离，m；

ΔL——上游水位与堤身浸润线延长线交点距上游水位与上游堤坡交点的水平距离，m；

L_1——渗流总长度，m；

y——浸润线上任意一点距下游堤脚的垂直高度，m；

x——浸润线上任意一点距出逸点的水平距离，m。

（2）下游有褥垫式排水时（图 2.3），可按式（2.28）～式（2.31）进行渗流计算。

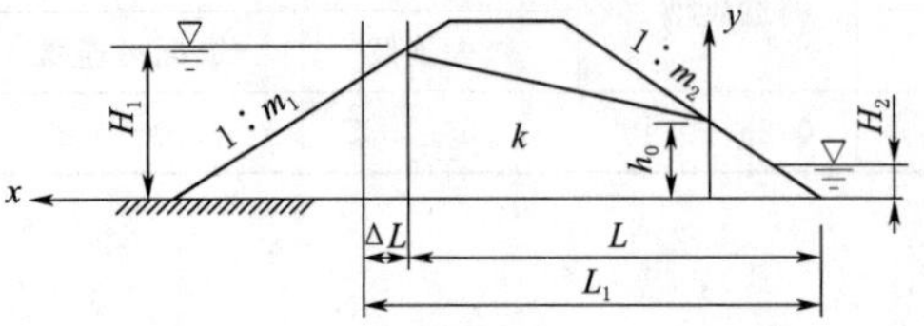

图 2.2　无排水设备土堤计算简图

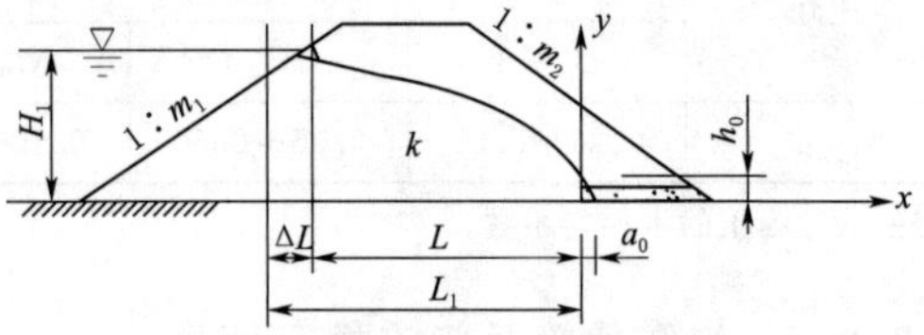

图 2.3　有褥垫式排水土堤计算简图

$$h_0=\sqrt{L_1^2+H_1^2}-L_1 \tag{2.28}$$

$$\frac{q}{k}=h_0=\sqrt{L_1^2+H_1^2}-L_1 \tag{2.29}$$

$$a_0=\frac{1}{2}h_0 \tag{2.30}$$

$$y=\sqrt{h_0^2-2h_0x} \tag{2.31}$$

式中　a_0——褥垫式排水体的工作长度，m。

（3）下游有排水棱体时（图 2.4），可以按照式（2.32）～式（2.34）进行渗流计算。

$$h_0=H_2+\sqrt{(cL_1)^2+(H_1-H_2)^2}-cL_1 \tag{2.32}$$

$$\frac{q}{k}=\frac{H_1^2-h_0^2}{2L_1} \tag{2.33}$$

$$y=\sqrt{h_0^2-2\frac{q}{k}x} \tag{2.34}$$

式中　c——无量纲系数，与棱体临水坡坡率 m_3 有关，可查表 2.14 确定。

表 2.14　　　　**系　数　c**

m_3	0	0.5	1.0	1.5	2.0	2.5	3.0	∞
c	1.347	1.248	1.183	1.142	1.115	1.098	1.085	1.000

2. 透水堤基均质土堤渗流计算

（1）透水堤基上的均质土堤渗流量计算（图 2.5）。透水堤基上的均质土堤应将堤身和堤基的渗流量分开计算，堤身、堤基单位宽度渗流量之和可以按照式（2.35）计算。

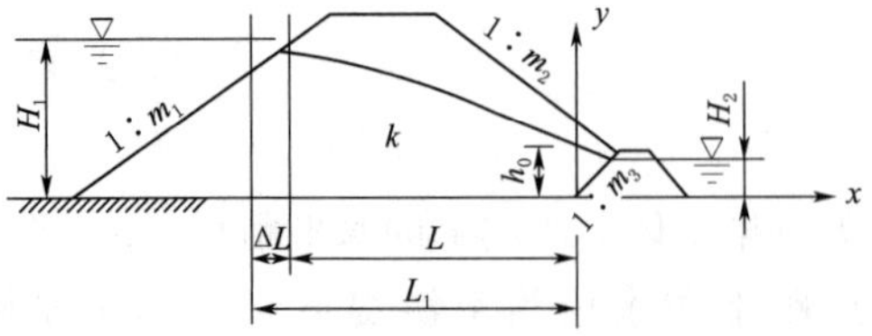

图 2.4　有排水棱体土堤计算简图

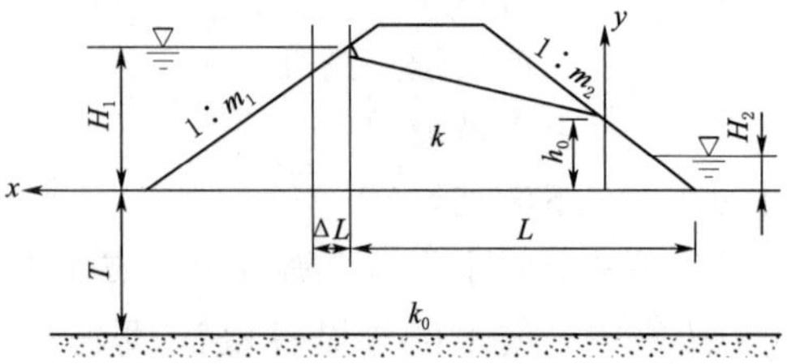

图 2.5　透水堤基均质土堤渗流计算简图

$$q=q_0+k_0\frac{(H_1-H_2)T}{L+m_1H_1+0.88T} \tag{2.35}$$

式中 q——堤身、堤基单位宽度渗流量之和，$m^3/(s\cdot m)$；

q_0——不透水堤基上求得的相同排水形式的均质土堤单位宽度渗流量，$m^3/(s\cdot m)$。

(2) 透水地基上的均质土堤的浸润线。计算透水地基上的均质土堤的浸润线时，应根据下游不同的排水形式，首先计算特征水深，然后再计算浸润线。特征水深和浸润线计算应符合下列规定。

1) 下游坡有贴坡排水或无排水设备时，特征水深可以按照式（2.36）和式（2.37）计算。

a. 当 $k>k_0$ 时（k 为堤身渗透系数，k_0 为地基渗透系数），

$$h_0-H_2=\frac{q}{\frac{k}{m_2+0.5}\left[1+\frac{(m_2+0.5)H_2}{(m_2+0.5)(h_0-H_2)+\frac{m_2H_2}{2(m_2+0.5)}}\right]+\frac{k_0T}{(m_2+0.5)(h_0-H_2)+m_2H_2+0.44T}} \tag{2.36}$$

b. 当 $k\leqslant k_0$ 时，

$$h_0-H_2=\frac{q}{\frac{k}{m_2}\left[1+\frac{(m_2+0.5)H_2}{(m_2+0.5)(h_0-H_2)+0.5H_2}\right]+\frac{k_0T}{m_2h_0+0.44T}} \tag{2.37}$$

2) 下游有褥垫式排水（$H_2=0$）时，特征水深可以按照式（2.38）计算。

$$h_0=\frac{q}{k+\frac{k_0}{0.44}} \tag{2.38}$$

3) 下游有排水棱体时，特征水深可以按照式（2.39）计算。

a. 下游有水（$H_2\neq0$）时，

$$(0.44k+m_3k_0)h_0^2-(0.44qm_3+k_0m_3H_2)h_0-0.44kH_2^2=0 \tag{2.39}$$

b. 下游无水（$H_2=0$）时，特征水深可以按照式（2.40）计算。

$$h_0=\frac{0.44qm_3}{0.44k+m_3k_0} \tag{2.40}$$

4) 求得特征水深 h_0 后，无论堤身采用何种排水形式，浸润线都可以按照式（2.41）和式（2.42）计算。对于采用褥垫式排水和排水棱体的土堤，可取 $m_2=0$。

$$x=k_0T\frac{y-h_0}{q'}+k\frac{y^2-h_0^2}{2q'} \tag{2.41}$$

$$q'=k\frac{H_1^2-h_0^2}{2\left(L+\frac{m_1}{2m_1+1}H_1-m_2h_0\right)}+k_0T\frac{H_1-h_0}{L+m_1H_1-m_2h_0} \tag{2.42}$$

3. 不稳定渗流计算

(1) 堤防在挡水过程中，未能形成稳定渗流时，可以按照不稳定渗流计算（图2.6）。渗流在背水坡坡脚出现所需时间 T 可以按照式（2.43）和式（2.44）计算。

$$T=\frac{n_0 H}{4k}\left(m_1+m_2+\frac{b'}{H}\right)^2 \tag{2.43}$$

$$n_0=n(1-S_W\%) \tag{2.44}$$

式中　k——堤身渗透系数，采用大值平均值或试验数据中的较大值，m/s；

n——孔隙率；

n_0——土的有效孔隙率；

$S_W\%$——饱和度。

（2）当洪水持续时间 $t<T$ 时，应计算浸润线锋面距迎水坡脚距离 L，可以按照式（2.45）不稳定渗流计算。

$$L=2\sqrt{\frac{kHt}{n_0}} \tag{2.45}$$

4. 背水坡渗流出口比降计算

（1）不透水地基上均质土堤坡面渗流比降计算应符合下列规定。

1）下游无水（$H_2=0$）时，渗出点 A、堤坡与不透水面交点 B 的渗流比降可以分别按照式（2.46）和式（2.47）计算（图 2.7）。

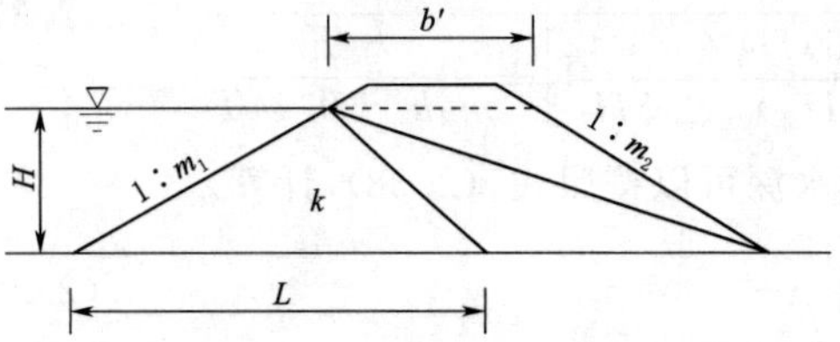

图 2.6　不稳定渗流浸润线计算简图

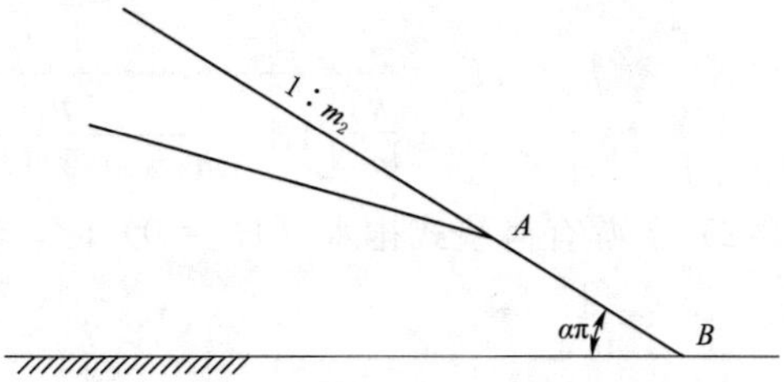

图 2.7　下游无水计算（$\alpha\pi$ 以弧度角计）

$$J_0=\sin\alpha\pi=\frac{1}{\sqrt{1+m_2^2}} \tag{2.46}$$

$$J_0=\tan\alpha\pi=\frac{1}{m_2} \tag{2.47}$$

式中　J_0——下游无水背水坡出口比降。

A、B 两点之间的渗流比降按线性插值法确定。

2）下游有水（$H_2\neq0$）时，可以分别按照式（2.48）～式（2.54）计算（图 2.8）。

a. 渗出段 AB，可以按照式（2.48）～式（2.50）计算。

$$J=J_0\left(\frac{h_0-H_2}{y-H_2}\right)^n \quad (y\geqslant H_2, H_2\neq0) \tag{2.48}$$

$$J_0=\sin\alpha\pi=\frac{1}{\sqrt{1+m_2^2}} \tag{2.49}$$

$$n=0.25\,\frac{H_2}{h_0} \tag{2.50}$$

式中　J——下游有水背水坡出口比降；

$\alpha\pi$——坡面的坡角（以弧度计）。

b. 浸没段 BC，可以按照式（2.51）～式（2.54）计算。式（2.51）和式（2.52）的适用范围为$\frac{r}{l}$或$\frac{y}{H_2}\leqslant 0.95$。

$$J=\frac{a_0}{1+b_0\dfrac{H_2}{h_0-H_2}}\left(\frac{r}{l}\right)^{\frac{1}{2n}-1} \tag{2.51}$$

或

$$J=\frac{a_0}{1+b_0\dfrac{H_2}{h_0-H_2}}\left(\frac{y}{H_2}\right)^{\frac{1}{2n}-1} \tag{2.52}$$

$$a_0=\frac{1}{2a(m_2+0.5)\sqrt{1+m_2^2}} \tag{2.53}$$

$$b_0=\frac{m_2}{2(m_2+0.5)^2} \tag{2.54}$$

式中　a_0、b_0——系数。

（2）透水地基均质土堤坡面渗流比降计算应符合下列规定。

1）下游无水（$H_0=0$）时，沿渗出段 AB、沿地基段 BC 的渗流比降可以分别按照式（2.55）和式（2.56）计算（图 2.9）。

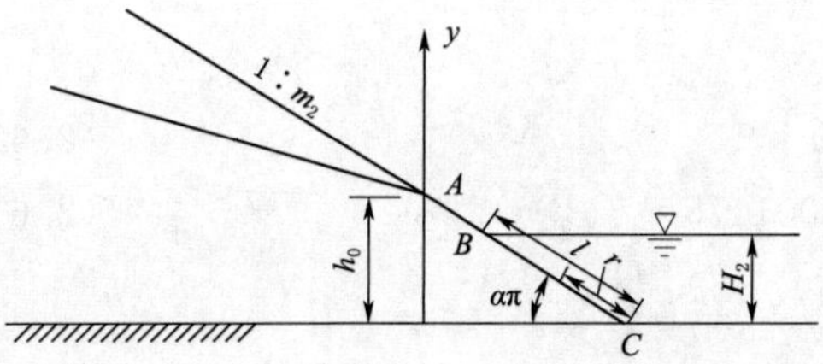

图 2.8　下游有水计算（$\alpha\pi$ 以弧度角计）

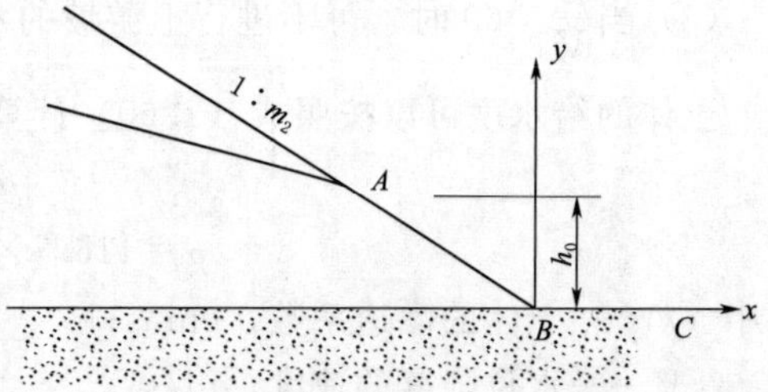

图 2.9　透水地基下游无水计算简图

$$J=\frac{1}{\sqrt{1+m_2^2}}\left(\frac{h_0}{y}\right)^{0.25} \tag{2.55}$$

$$J=\frac{1}{2\sqrt{m_2}}\sqrt{\frac{h_0}{x}} \tag{2.56}$$

2）下游有水时，沿渗出段 AB 的渗流比降采用式（2.57）计算，沿浸没坡 BC、沿浸没地基面 CD 的渗流比降可以分别按照式（2.58）和式（2.59）计算（图 2.10）。

$$J=\frac{a_1(h_0-H_2)}{2\gamma^{a_1}\sqrt{(l_1^{a_1}-l_2^{a_1})(l_2^{a_1}-\gamma^{n_1})}} \tag{2.57}$$

$$a_1=\frac{1}{1-a} \tag{2.58}$$

$$J=\frac{a_1(h_0-H_2)}{2x^{a_1}\sqrt{(l_2^{a_1}-l_2^{a_1})(l_2^{a_1}+x^{n_1})}} \tag{2.59}$$

5. 水位降落时均质土堤的浸润线

(1) 当$\frac{\frac{k}{\mu}}{V}<\frac{1}{10}$时，可以按照水位开始降落前的浸润线位置进行堤坡稳定分析。

(2) 当$\frac{1}{10}\leqslant\frac{\frac{k}{\mu}}{V}\leqslant 60$时，应进行上游坡的稳定计算，按照缓降过程计算浸润线下降的位置（图 2.11）。

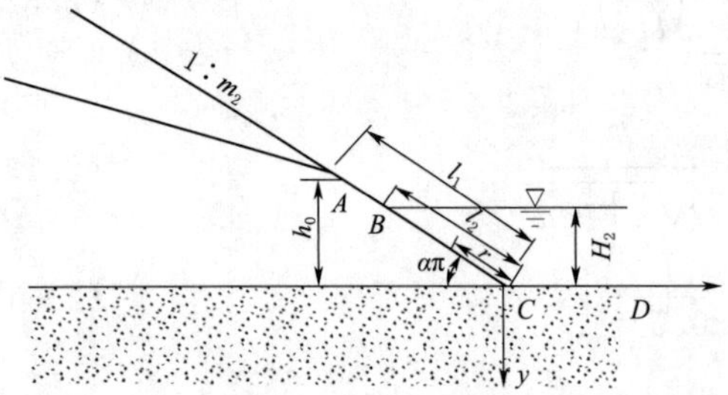

图 2.10　透水地基下游有水计算简图（απ 以弧度角计）

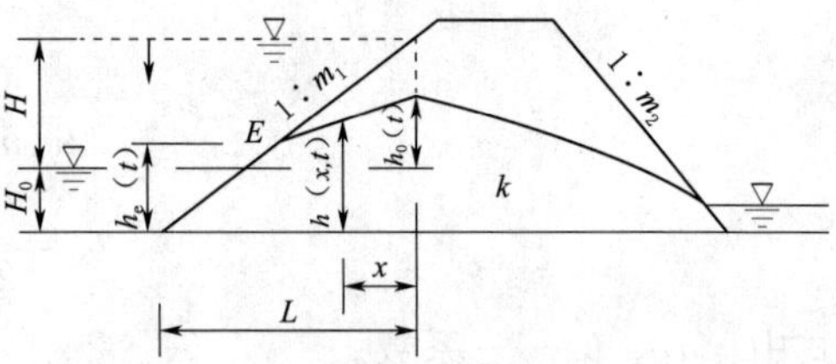

图 2.11　水位降落时浸润线计算简图

(3) 当$\frac{\frac{k}{\mu}}{V}>60$时，可不进行上游坡的水位降落稳定计算。

土体的给水度可以按照式（2.60）计算。

$$\mu=\alpha n \tag{2.60}$$

$$\alpha=113.7\times 0.0001175^{0.607} \tag{2.61}$$

式中　k——土体的渗透系数，cm/s；

V——水位降落的速度，m/s；

μ——土体的给水度；

n——土体的孔隙率。

(4) 均质土堤水位下降时浸润线位置可以按照式（2.62）近似计算。

$$h_0(t)=\left[1-0.31\left(\frac{t}{T}\right)\left(\frac{k}{\mu V}\right)^{\frac{1}{4}}\right]H \tag{2.62}$$

(5) 求得 $h_0(t)$ 后，浸润线可以按照式（2.63）计算。

$$h(x,t)=\sqrt{[H_0+h_0(t)]^2-2x\frac{q(t)}{k}} \tag{2.63}$$

(6) h 以上游堤基为基面，$\frac{q(t)}{k}$可以由式（2.64）和式（2.65）联合求解，分别画出两条曲线，曲线的交点即为解，可求得 $h_e(t)$ 和$\frac{q(t)}{k}$。

$$\frac{q(t)}{k}=\frac{[H_0+h_0(t)]^2-h_e(t)^2}{2[L-m_1h_e(t)]} \tag{2.64}$$

$$\frac{q(t)}{k}=\frac{h_e(t)-H_0}{m_1}\left[1+\ln\frac{h_e(t)}{h_e(t)-H_0}\right] \tag{2.65}$$

式中 $q(t)$ ——t 时刻由上游坡出渗的流量，m^3/s；

$h_e(t)$——t 时刻上游坡出渗点高度，m，$H_0<h_e(t)<H_0+h_0(t)$。

6. 双层地基土堤渗流计算

略。

7. 渗流判断及防渗工程措施

防止渗透变形的允许水力比降应以土的临界比降除以安全系数确定。无黏性土的安全系数应为1.5～2.0，黏性土的安全系数应≥2.0。当无试验资料时，对于渗流出口无滤层的情况，无黏性土的允许水力比降可按表2.13选用，有滤层的情况可适当提高，特别重要的堤段，其允许水力比降应根据试验的临界比降确定。

背水侧堤坡及地基表面逸出段的渗流比降应小于允许比降；当出逸比降大于允许比降时，应采取反滤、压重等保护措施。

防渗工程措施。包括防渗与排水2个方面：①对于均质土堤，土堤培厚或增加防渗墙；②对于有防渗体的土堤，增加防渗墙的厚度；③采取有反滤作用的排水措施；④采取压重等措施。

2.9.10 抗滑和抗倾稳定计算

堤防工程设计应根据不同堤段的防洪任务、工程级别、地形地质条件，结合堤身的结构型式、高度和填筑材料等因素，选择有代表性的断面进行抗滑和抗倾稳定计算。

2.9.10.1 堤防抗滑稳定计算内容

堤防抗滑稳定计算可分为正常运用条件和非常运用条件。

(1) 正常运用条件。

1) 设计洪水位下的稳定渗流期或不稳定渗流期的背水侧堤坡。

2) 设计洪水位骤降期的临水侧堤坡。

(2) 非常运用条件。

1) 非常运用条件Ⅰ 施工期的临水、背水侧堤坡。

2) 非常运用条件Ⅱ 多年平均水位时遭遇地震或其他稀遇荷载的临水、背水侧堤坡。

多雨地区的土堤应根据填筑土的渗透和堤坡防护条件，核算长期降雨期堤坡的抗滑稳定性，其安全系数可按非常运用条件Ⅰ采用。

2.9.10.2 堤防抗滑稳定的安全系数

采用圆弧法计算出的堤防边坡抗滑稳定安全系数应大于表2.15中的值。

软弱地基上土堤的抗滑稳定安全系数，当难以达到规定数值时，经过论证，并报行业主管部门批准后，可适当降低。

2.9.10.3 堤防抗滑稳定计算

土堤抗滑稳定计算在稳定渗流期应采用有效应力法，在施工期应采用总应力法，在外水位降落期可同时采用有效应力法和总应力法，并应以较小的安全系数为准。

表 2.15　　堤防边坡抗滑稳定安全系数

堤防工程的级别			1	2	3	4	5
安全系数	瑞典圆弧法	正常运用条件	1.30	1.25	1.20	1.15	1.10
		非常运用条件Ⅰ	1.20	1.15	1.10	1.05	1.05
		非常运用条件Ⅱ	1.10	1.05	1.05	1.00	1.00
	简化毕肖普法	正常运用条件	1.50	1.35	1.30	1.25	1.20
		非常运用条件Ⅰ	1.30	1.25	1.20	1.15	1.10
		非常运用条件Ⅱ	1.20	1.15	1.15	1.10	1.05

1. 确定土的抗剪强度

确定土的抗剪强度的方法有总应力法和有效应力法两种。

(1) 对于重要的堤防宜采用有效应力法，但采用有效应力法必须计算或测量出土体中有关部位的孔隙压力，并要求用三轴仪进行试验。目前能进行三轴仪试验的单位尚不普遍。据调查了解，多数工程堤坡稳定分析时，采用总应力法，抗剪强度是由直剪仪进行快剪或固结快剪得出的。由于这种试验方法与分析方法比较简单，故应用较广。

(2) 用总应力法计算堤坡稳定的关键是正确选择最能反映现场条件的试验方法，以期得到符合实际的结果，选择的依据如下：

1) 土体或地基的排水条件，包括土的渗透性、弱透水土层厚薄情况，以及边界条件。

2) 加荷前土体的固结完成情况。

3) 施工加荷速度。

(3) 当地基为饱和黏性土时，因其透水性差，固结速度慢，而堤身填土施工期较短，一般为一枯水季完成，在进行稳定分析时，宜采用直剪仪的快剪（或三轴仪不排水剪）。

(4) 当堤身已建成多年，又要在其上加高培厚，在验算地震期或水位降落时的堤坡稳定时，可采用直剪仪固结快剪或三轴仪固结不排水剪强度指标。抗剪强度指标的测定和应用方法可按表 2.16 选用。

表 2.16　　土的抗剪试验方法和强度指标

堤的工作状态	强度计算方法	使用仪器	试验方法与代号	强度指标
施工期	总应力法	直剪仪	快剪（Q）	c_u，φ_u
		三轴仪	不排水剪（UU）	
稳定渗流期	有效应力法	直剪仪	慢剪（S）	c'，φ'
		三轴仪	固结排水剪（CD）或固结不排水剪测孔隙压力（CU）	
水位降落期	有效应力法	直剪仪	慢剪（S）	c'，φ'
		三轴仪	固结排水剪（CD），或固结不排水剪测孔欧压力（CU）	
	总应力法	直剪仪	固结快剪（R）	c_{cu}，φ_{cu}
		三轴仪	固结不排水剪（CU）	

2. 圆弧滑动面稳定计算

现行的边坡稳定分析方法很多，基本上都属于刚体极限平衡法。首先选定一种（或几种）破坏面的型式（如圆弧、直线、折线或复合滑动面），再在其中选取若干个可能的破坏面，分别计算出它们的安全系数，其中安全系数最小的滑动面即为最危险滑动面，相应的安全系数即为所求的安全系数。

圆弧法的基本原理是：假定滑动面为圆柱面，将滑动面内土体看作刚体脱离体，土体绕滑动面的圆心转动即为边坡失稳。分析时在坝轴线方向取单位坝长1m按平面问题研究。工程实践中常采用条分法：将脱离体按一定的宽度分成若干铅直土条，分别计算各土条对圆心的抗滑力矩 M_r 和滑动力矩 M_s，再求和，最后即得该滑动面的安全系数 $K=\dfrac{\sum M_r}{\sum M_s}$（图2.12）。

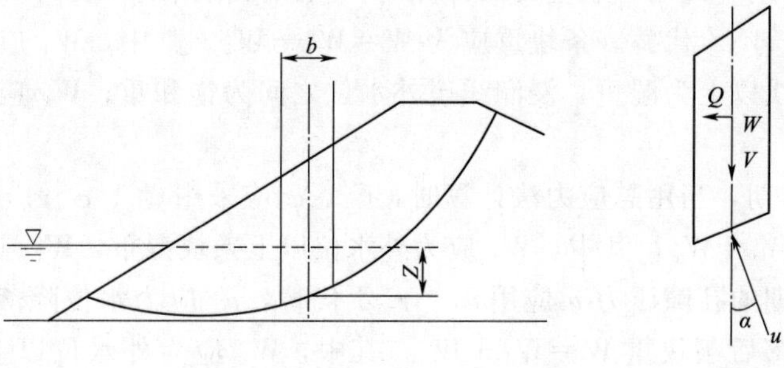

图2.12　圆弧滑动条分法计算简图

目前最常见的有瑞典圆弧法、简化的毕肖普法和改良圆弧法。瑞典圆弧法计算简单，但理论上有缺陷，且当孔隙压力较大和地基软弱时误差较大。简化的毕肖普法计算比瑞典圆弧法复杂，但由于计算机的广泛应用，目前应用较多。改良圆弧法计算更简单。

（1）不计条块间作用力的瑞典圆弧法计算安全系数。

$$K=\frac{\sum\{[(W_i\pm V)\cos\beta_i-ub\sec\beta_i-Q\sin\beta_i]\tan\varphi_i'+C_i'\sec\beta_i\}}{\sum[(W_i\pm V)\sin\beta_i+M_C/R]} \tag{2.66}$$

（2）简化的毕肖普法计算安全系数。

$$K=\frac{\sum\{[(W_i\pm V)\sec\beta_i-ub\sec\beta_i]\tan\varphi_i'+C_i'b\sec\beta_i\}[1/(1+\tan\beta_i\tan\varphi_i'/K)]}{\sum[(W_i\pm V)\sin\beta_i+M_C/R]} \tag{2.67}$$

式中　W_i——土条重量，kN；

Q、V——水平和垂直地震惯性力（向上为负，向下为正），kN；

u——作用于土条底面的孔隙压力，kN/m²；

β_i——条块重力线与通过此条块底面中点的半径之间的夹角，(°)；

b——土条宽度，m；

C_i'——土条底面的有效黏聚力，kN/m²；

φ_i'——土条底面的有效内摩擦角，(°)；

M_C——水平地震惯性力对圆心的力矩，kN·m；

R——圆弧半径，m。

注意：

运用式（2.66）和式（2.67）时应符合下列条件：

1）静力计算时，地震惯性力应等于零。

2）在施工期，堤坡条块应为实重（设计干容重加含水率）。如堤基有地下水存在时，条块重应为 $W=W_1+W_2$。其中，W_1 应为地下水位以上条块湿重，W_2 应为地下水位以下条块浮重。采用总应力法计算，孔隙压力应为 $u=0$，C'、φ'应采用 C_u、φ_u。

3）在稳定渗流期用有效应力法计算，稳定渗流期的孔隙压力 u 应用 $u-\gamma_w Z$ 代替。条块重应为 $W=W_1+W_2$。其中，W_1 应为外水位以上条块实际重量，浸润线以上为湿重，浸润线至外水位之间为饱和重；W_2 应为外水位以下条块浮重。

4）在水位降落期，当用有效应力法计算时，应按降落后的水位计算。水位降落期的孔隙压力 u 应用 $u-\gamma_w Z$ 代替。条块重应为 $W=W_1+W_2$。其中，W_1 应为外水位以上条块实际重量，浸润线以上为湿重，浸润线至外水位之间为饱和重；W_2 应为外水位以下条块浮重。

5）在水位降落期，当用总应力法计算时，C'、φ'应采用 C_u、φ_u；分子应采用水位降落前条块重为 $W=W_1+W_2$，其中，W_1 应为外水位以上条块湿重，W_2 应为外水位以下条块浮重。水位降落期的孔隙压力 u 应用 $u_l-\gamma_w Z$ 代替，u_l 应为水位降落前孔隙压力；分母应采用河水位降落后条块重 $W=W_1+W_2$，其中，W_1 应为外水位以上条块实际重量，浸润线以上应为湿重，浸润线至外水位之间应为饱和重，W_2 应为外水位以下条块浮重。

3. 改良圆弧法

改良圆弧法计算堤坡稳定安全系数可用式（2.68）计算（图 2.13）。

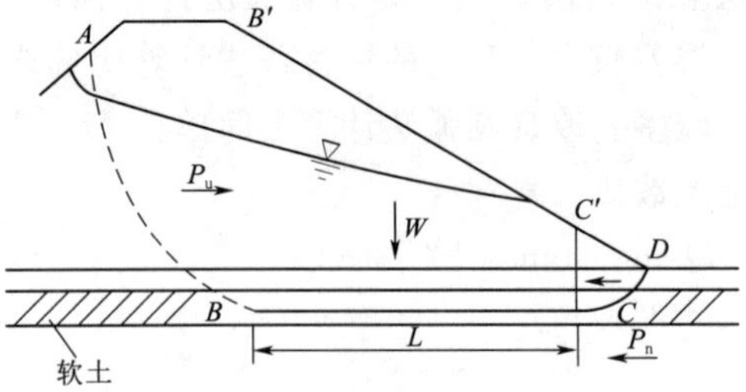

图 2.13　改良圆弧法计算简图

$$K=\frac{P_n+S}{P_u} \tag{2.68}$$

$$S=W\tan\varphi+cL \tag{2.69}$$

式中　W——土体 $B'BCC'$ 的有效重量，kN；

c——软弱土层的黏聚力，kN/m^2；

φ——软弱土层的内摩擦角，(°)；

P_n——抗滑力，kN；

P_u——滑动力，kN。

2.9.11　沉降计算

国内堤防工程堤身高度一般为 5～10m，最高者为 15m 左右。堤基多为黏土、壤土、砂壤土等压缩性较小的土层，在堤身荷载作用下不会产生很大的沉降量。若堤身填土施工质量能达到设计要求，堤身由于固结引起的沉降量也是较小的。然而当堤基为软土层，或堤身较高、施工质量较差、施工期短时，堤防在竣工以后还会继续发生较大的沉降。因此，在设计时应计算沉降量，并根据实践经验，对土堤预留沉降量，以保证在沉降终了时，堤顶高程能达到设计值。

土堤沉降量可根据堤基地质、堤身土及填筑密度等因素分析确定，宜取堤高的 3%～5%。对于区域沉降量较大的地区，在上述预留沉降量的基础上，可适当增加预留沉降量。

如果有①土堤高度大于10m；②堤基为软弱土层；③因筑堤材料、施工条件等限制而导致土堤压实度较低等任一情况时，应进行沉降量计算。沉降量计算包括堤顶中心线处堤身和堤基的最终沉降量。

沉降量计算应根据堤基的地质条件、土层的压缩性、堤身的断面尺寸和荷载分为若干段，每段应选取代表性断面进行沉降量计算。最常用的沉降量计算方法就是采用简明实用的分层总和法，计算结果能满足要求。堤身和堤基的最终沉降量，可按式（2.70）计算。堤基压缩层的计算厚度，可按式（2.71）确定，当实际压缩层的厚度小于式（2.71）的计算值时，应按实际压缩层的厚度计算其沉降量。

$$S = m\sum_{i=1}^{n}\left(\frac{e_{1i}-e_{2i}}{1+e_{1i}}h_i\right) \tag{2.70}$$

式中　S——最终沉降量，mm；

n——压缩层范围的土层数；

e_{1i}——第 i 土层在平均自重应力作用下的孔隙比；

e_{2i}——第 i 土层在平均自重应力和平均附加应力共同作用下的孔隙比；

h_i——第 i 土层的厚度，mm；

m——修正系数，可取1.0，软土地基可采用1.3～1.6。

$$\frac{\sigma_z}{\sigma_B}=0.2 \tag{2.71}$$

式中　σ_z——堤基计算层面处土的附加应力，kPa；

σ_B——堤基计算层面处土的自重应力，kPa。

2.9.12　防洪墙

在城市、工矿区等修建土堤受限制的地段，可采用防洪墙。防洪墙设计包括：墙身结构型式、墙顶高程和基础轮廓尺寸及防渗、排水设施等。

2.9.12.1　拟订墙身结构型式

防洪墙宜采用钢筋混凝土结构，当高度不大时，可采用混凝土或浆砌石结构。防洪墙可采用重力式、悬臂式、扶臂式、加筋式、空箱式等结构型式。

防洪墙应设置变形缝，钢筋混凝土墙缝距宜为15～20m，混凝土及浆砌石墙宜为10～15m。地基土质、墙高、外部荷载、墙体断面结构变化处，应增设变形缝，变形缝应设止水。

防洪墙基础埋置深度应满足抗冲刷和冻结深度的要求。

2.9.12.2　计算墙顶高程

墙顶高程应按式（2.1）计算确定。

2.9.12.3　拟订防洪墙防渗结构

防洪墙应满足强度和抗渗要求。结构强度计算应按现行行业标准《水工混凝土结构设计规范》（SL 191—2008）的有关规定执行。

2.9.12.4　防洪墙底部渗流计算

钢筋混凝土、混凝土、浆砌石等材料建筑的防洪墙，其底部的渗流计算可用改进阻力系数法。改进阻力系数法是一种以流体力学为基础的近似解法。对于比较复杂的地下轮廓，先将实际的地下轮廓进行适当简化，使之成为垂直和水平两个主要部分。再从简化的地下轮廓线上各角点和板桩尖端引出等势线，将整个渗流区域划分成几个简单的典型流段，即进出口段、内部垂直段和水平段，由公式计算出各典型段的阻力系数，即可算出任一流段的水头损失。将各段的水头损失由出口向上游依次叠加，即可求得各段分界线处的渗透压力以及其他渗流要素（图 2.14）。

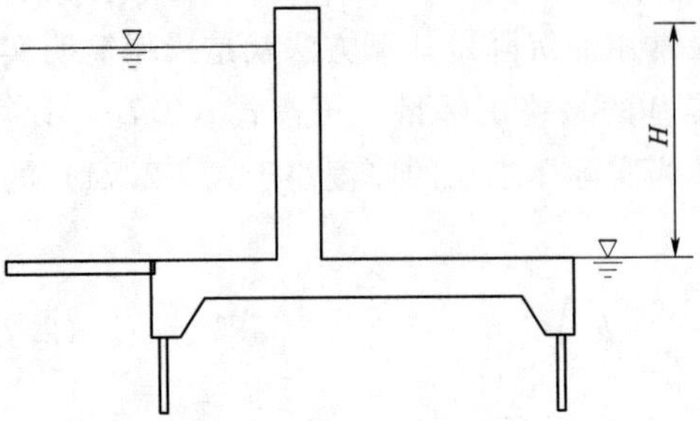

图 2.14　防洪墙底部渗流计算

1. 防洪墙地基的有效深度和计算深度值

(1) 防洪墙地基的有效深度 T_e 可按照式 (2.72) 和式 (2.73) 计算。

当 $\frac{L_0}{S_0}\geqslant 5$ 时：

$$T_e=0.5L_0 \tag{2.72}$$

当 $\frac{L_0}{S_0}<5$ 时：

$$T_e=\frac{L_0}{1.6\frac{L_0}{S_0}+2} \tag{2.73}$$

式中　T_e——土基上底板的地基有效深度，m；

L_0——地下轮廓的水平投影长度，m；

S_0——地下轮廓的垂直投影长度，m。

(2) 防洪墙地基的计算深度值 T。

当 $T_e<T_{实际}$（防洪墙地基的实际深度值）时，取 $T=T_e$；

当 $T_e>T_{实际}$ 时，取 $T=T_{实际}$。

2. 分段阻力系数

(1) 进、出口段的阻力系数 ξ_0 可按照式 (2.74) 计算（图 2.15）。

$$\xi_0=1.5\left(\frac{S}{T}\right)^{\frac{3}{2}}+0.441 \tag{2.74}$$

式中　ξ_0——进、出口段的阻力系数；

T——在进、出口段位置处的地基透水层深度计算值，m；

S——进、出口段位置处的板桩或齿墙的入土深度，m。

(2) 内部垂直段的阻力系数 ξ_y 可按照式 (2.75) 计算（图 2.16）。

$$\xi_y=\frac{2}{\pi}\ln\left\{\cot\left[\frac{\pi}{4}\left(1-\frac{S}{T}\right)\right]\right\} \tag{2.75}$$

式中　ξ_y——内部垂直段的阻力系数；

T——在内部垂直段位置处的地基透水层深度计算值，m；

S——内部垂直段位置处的入土深度，m。

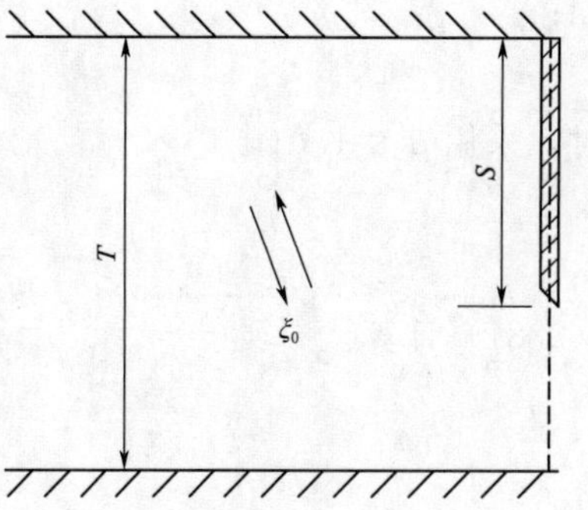

图 2.15　进、出口段示意图

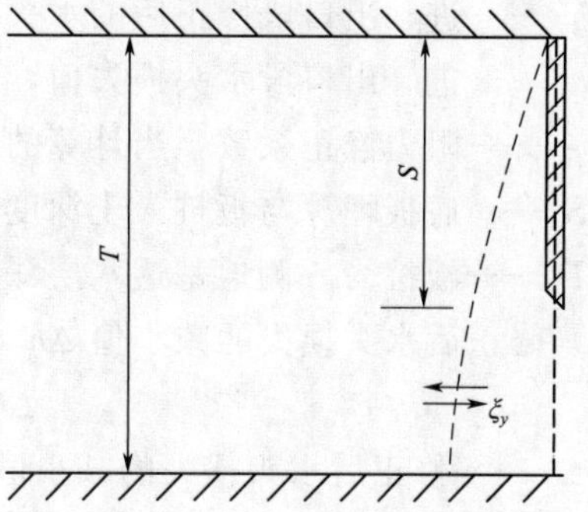

图 2.16　内部垂直段示意图

(3) 水平段的阻力系数 ξ_x 可按照式 (2.76) 计算 (图 2.17)。

$$\xi_x=\frac{L_x-0.7(S_1+S_2)}{T} \tag{2.76}$$

式中　ξ_x——水平段的阻力系数；

L_x——水平段长度，m；

T——在水平段位置处的地基透水层深度计算值，m；

S_1、S_2——水平段进、出口位置处板桩或齿墙的入土深度，m。

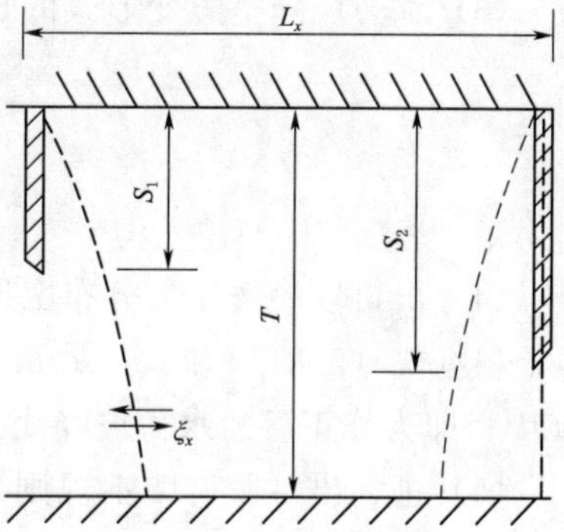

图 2.17　水平段示意图

3. 各个分段水头损失值计算

各个分段水头损失值 h_i 可按式 (2.77) 计算。

$$h_i=\xi_i\frac{H}{\sum_{i=1}^{n}\xi_i} \tag{2.77}$$

式中　h_i——各分段的水头损失值，m；

ξ_i——各分段的阻力系数；

n——总分段数。

4. 局部修正

底板深入地基并有板桩时，进、出口段水头损失值和渗透压力分布图形可按下列方法进行局部修正。

(1) 进、出口段修正后水头损失值可按照式 (2.78) 计算。

$$h_0'=\beta'h_0 \tag{2.78}$$

$$h_0=\sum_{i=1}^{n}h_i \tag{2.79}$$

$$\beta'=1.21-\frac{1}{\left[12\left(\frac{T'}{T}\right)^2+2\right]\left(\frac{S'}{T}+0.059\right)} \tag{2.80}$$

式中　h_0'——进、出口段修正后的水头损失值，m；

h_0——进、出口段水头损失值，m；

β'——阻力修正系数，当计算的 $\beta' \geqslant 1.0$ 时，采用 $\beta'=1.0$；

S'——底板埋深与板桩入土深度之和，m；

T'——板桩另一侧地基透水层深度，m。

（2）修正后水头损失的减小值 Δh 可按照式（2.81）计算。

$$\Delta h=(1-\beta')h_0 \tag{2.81}$$

式中　Δh——修正后水头损失的减小值，m；

β'——阻力修正系数，当计算的 $\beta' \geqslant 1.0$ 时，采用 $\beta'=1.0$；

h_0——进、出口段水头损失值，m。

（3）水力坡降呈急变形式的长度 L'_x 可按照式（2.82）计算。

$$L'_x=\frac{\dfrac{\Delta h}{\Delta H}T}{\sum\limits_{i=1}^{n}\xi_i} \tag{2.82}$$

（4）出口段渗透压力分布图形可按照图 2.18 进行修正。图中的 QP' 为原有水力坡降线，根据式（2.81）和式（2.82）计算的 Δh 和 L'_x 值，分别定出 P 点和 O 点，连接 QOP，即为修正后的水力坡降线。

（5）进、出口段齿墙不规则部位的修正。进、出口段齿墙不规则部位可按下列方法修正：

水头损失值的详细计算如下，先用进、出口段的前一段水头损失与修正后水头损失的减小值相比较（图 2.19）。

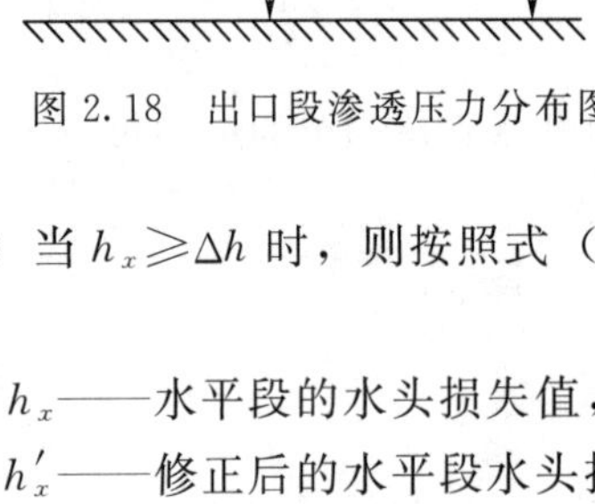

图 2.18　出口段渗透压力分布图形

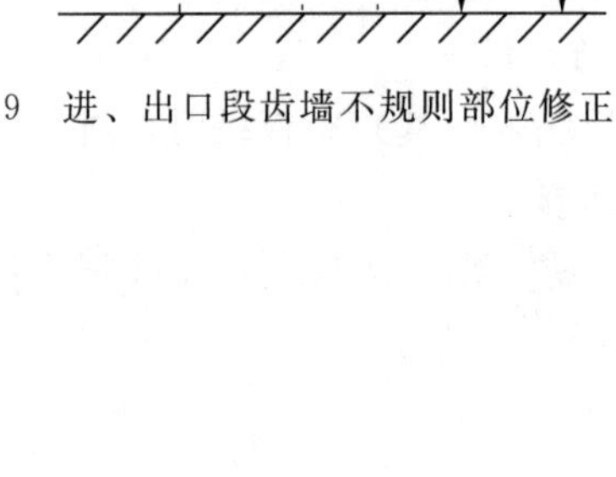

图 2.19　进、出口段齿墙不规则部位修正示意图

1）当 $h_x \geqslant \Delta h$ 时，则按照式（2.83）修正。

$$h_x'=h_x+\Delta h \tag{2.83}$$

式中　h_x——水平段的水头损失值，m；

h_x'——修正后的水平段水头损失值，m。

2）当 $h_x<\Delta h$ 时，则与进、出口段的前两段水头损失的和相比较，

a. 若 $h_x+h_y \geqslant \Delta h$，则按照式（2.84）、式（2.85）修正。

$$h_x'=2h_x \tag{2.84}$$

$$h'_y=h_y+\Delta h-h_x \tag{2.85}$$

式中　h_y——内部垂直段的水头损失值，m；

h'_y——修正后的内部垂直段水头损失值，m。

b. 若 $h_x+h_y<\Delta h$，则按照式（2.86）～式（2.88）修正。

$$h'_x=2h_x \tag{2.86}$$

$$h'_y=2h_y \tag{2.87}$$

$$h'_{CD}=h_{CD}+\Delta h-(h_x+h_y) \tag{2.88}$$

式中　h_{CD}——图 2.19 中 CD 段的水头损失值，m；

h'_{CD}——修正后的 CD 段水头损失值，m。

（6）出口段渗流坡降值。为了保证防洪墙地基的抗渗稳定性，要求出口段的渗流比降值 $J\leqslant[J]$（墙下地基土的允许值）。

出口段渗流比降值 J 按照式（2.89）计算。

$$J=\frac{h'_0}{S'} \tag{2.89}$$

式中　h'_0——进、出口段修正后的水头损失值，m；

S'——底板埋深与板桩入土深度之和，m。

2.9.12.5　防洪墙抗倾、抗滑、地基整体稳定计算

防洪墙应进行抗倾、抗滑和地基整体稳定计算。地基稳定、承载力、变形不满足要求时，应对地基进行加固或调整防洪墙基础尺寸。地基加固可采取置换、复合地基、桩基等措施。

在防洪墙抗滑稳定计算和抗倾覆稳定计算时，土的抗剪强度应根据各种运用条件选用，并应符合表 2.16 的要求。

作用在防洪墙上的荷载可分为基本荷载和特殊荷载、基本荷载应包括：自重、设计洪水位或多年平均水位时的静水压力、扬压力及风浪压力、土压力、冰压力以及其他出现机会较多的荷载；特殊荷载应包括地震荷载以及其他稀遇荷载。

防洪墙设计的荷载组合可分为正常运用条件和非常运用条件。正常运用条件应由基本荷载组合；非常运用条件应由基本荷载和一种或几种特殊荷载组合；应根据各种荷载同时出现的可能性，选择不利的情况进行计算。

1. 计算防洪墙的抗滑稳定安全系数

防洪墙的抗滑稳定安全系数应按照式（2.90）计算。防洪墙沿基底面的抗滑稳定安全系数不应小于表 2.17 的规定。岩基上防洪墙采用抗剪断公式计算抗滑稳定时，防洪墙沿基底面的抗滑稳定安全系数正常运用条件不应小于 3.00，非常运用条件Ⅰ不应小于 2.50，非常运用条件Ⅱ不应小于 2.30。

$$K_C=\frac{f\sum W}{\sum P} \tag{2.90}$$

式中　K_C——抗滑稳定安全系数；

$\sum W$——作用于墙体上的全部垂直力的总和，kN；

$\sum P$——作用于墙体上的全部水平力的总和，kN；

f——底板与堤基之间的摩擦系数。

表 2.17　　防洪墙沿基底面的抗滑稳定安全系数

地 基 性 质		岩 基				土 基			
堤防工程级别		1	2	3	4、5	1	2	3	4、5
安全系数	正常运用条件	1.15	1.10	1.08	1.05	1.35	1.30	1.25	1.20
	非常运用条件Ⅰ	1.05	1.05	1.03	1.00	1.20	1.15	1.10	1.05
	非常运用条件Ⅱ	1.03	1.03	1.00	1.00	1.10	1.05	1.05	1.00

2. 计算防洪墙的抗倾稳定安全系数

防洪墙的抗倾稳定安全系数应按照式（2.91）计算。计算所得的抗倾覆稳定安全系数不应小于表2.18规定的数值。

$$K_{\mathrm{D}}=\frac{\sum M_V}{\sum M_H} \tag{2.91}$$

式中　K_{D}——抗倾稳定安全系数；

M_V——抗倾覆力矩，kN·m；

M_H——倾覆力矩，kN·m。

表 2.18　　岩基上防洪墙抗倾覆稳定安全系数

堤防工程级别		1	2	3	4	5
安全系数	正常运用条件	1.60	1.55	1.50	1.45	1.40
	非常运用条件Ⅰ	1.50	1.45	1.40	1.35	1.30
	非常运用条件Ⅱ	1.40	1.35	1.30	1.25	1.20

3. 计算防洪墙基地压应力

防洪墙在各种荷载组合的条件下，基底的最大压应力应小于地基的允许承载力。土基上的防洪墙基底的压应力最大值与最小值之比的允许值，不应大于表2.19规定的数值。岩基上的防洪墙基底不应出现拉应力。土基上的防洪墙除了应计算堤身或沿基底面的抗滑稳定性之外，还应核算堤身与堤基整体的抗滑稳定性。防洪墙基底压应力应按照式（2.92）计算。

表 2.19　　土基上防洪墙基底压应力最大值与最小值之比的允许值

地基土质	荷 载 组 合	
	基本组合	特殊组合
松软	1.50	2.00
中等坚实	2.00	2.50
坚实	2.50	3.00

$$\sigma_{\min}^{\max}=\frac{\sum G}{A}+\frac{\sum M}{\sum W} \tag{2.92}$$

式中　$\sigma_{\min}^{\max}$——基底的最大和最小压应力，kPa；

$\sum G$——垂直荷载，kN；

A——底板面积，m^2；

$\sum M$——荷载对底板形心轴的力矩，kN·m；

$\sum W$——底板的截面系数，m^3。

工作任务3　拟 订 防 护 工 程

3.1　工作任务

3.1.1　工程内容

(1) 拟订河道防护结构。
(2) 坡式防护工程整体稳定验算。
(3) 坡式防护工程边坡内部稳定验算。
(4) 墙式防护工程抗滑稳定验算。
(5) 墙式防护工程抗倾覆稳定验算。
(6) 计算水流局部冲刷流速。

3.1.2　工程概况

同前。

3.2　工作目标

(1) 学会拟订河道防护结构。
(2) 学会坡式防护工程整体稳定验算。
(3) 学会坡式防护工程边坡内部稳定验算。
(4) 学会墙式防护工程抗滑稳定验算。
(5) 学会墙式防护工程抗倾覆稳定验算。
(6) 学会计算水流局部冲刷流速。

3.3　任务分组

按照表3.1填写学生任务分组名单。

表3.1　　学生任务分组表

班级		组号		指导老师	
组长		学号			
组员					

续表

任务分工	

3.4　获取信息（引导问题）

引导问题 1：河道什么情况下需要做防护工程？

引导问题 2：几种防护工程措施（坡式防护、墙式防护、桩式防护）的应用条件是什么？

3.5　工作计划

按照工程资料，认真分析防护工程措施的适用条件，制订防护工程计划。

3.6　进度决策

通过提问、讲解，教师引导学生拟订出合适的防护工程方案。

（1）坡式防护工程的护面厚度、护面块体的个体质量，以及坡式防护工程的整体稳定验算方法和边坡内部稳定验算方法。

（2）墙式防护工程的抗滑稳定验算方法和抗倾覆稳定验算方法。

3.7　工作实施

【步骤 1】 拟订河道防护工程方案

河道是否需做防护？做什么样的防护工程措施（坡式防护、墙式防护、桩式防护）？需要根据流域综合规划、区域综合规划、河道前期规划以及投资等因素综合考虑，初拟具体的河道防护工程方案，再对防护工程进行稳定验算，选定安全、可靠、经济的工程防护方案。步骤如下：

1. 坡式防护工程

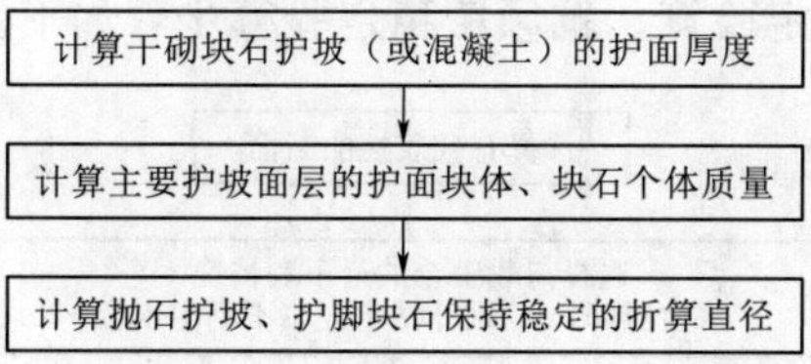

坡式防护工程需要进行整体稳定验算和护坡内部稳定验算。

（1）护岸整体稳定计算具体步骤（图 3.1）。

1）护岸及岸坡基础土的滑动（用瑞典圆弧滑动法）。

2）沿护坡底面的滑动。

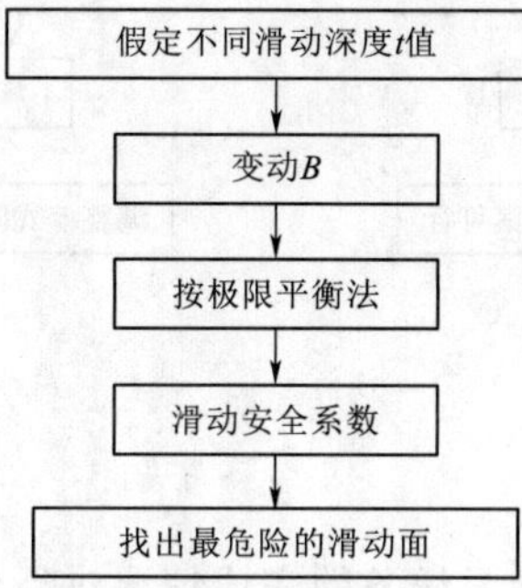

（2）护坡内部稳定计算具体步骤（图 3.2）。

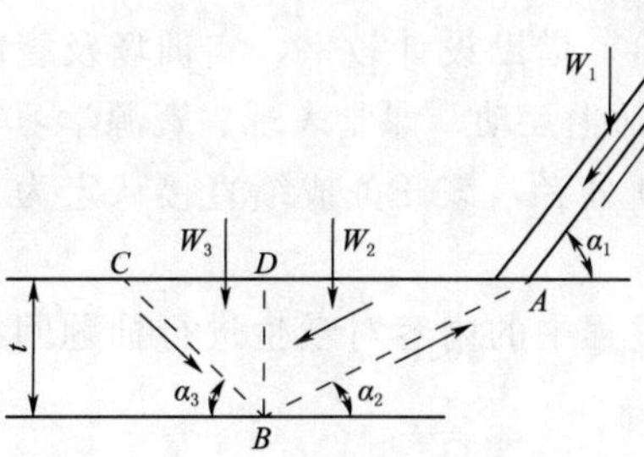

图 3.1　护岸整体稳定计算图

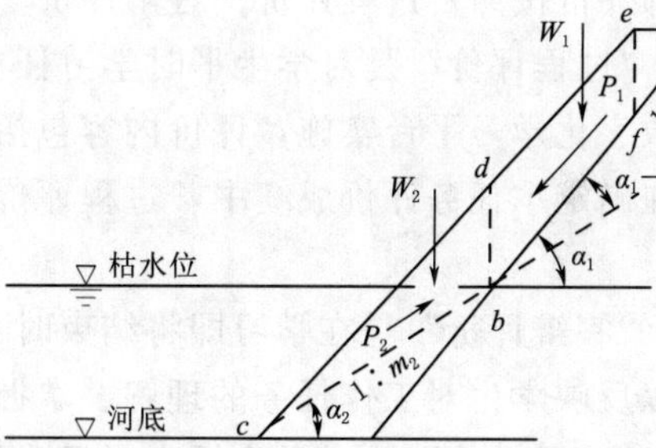

图 3.2　护坡内部稳定计算图

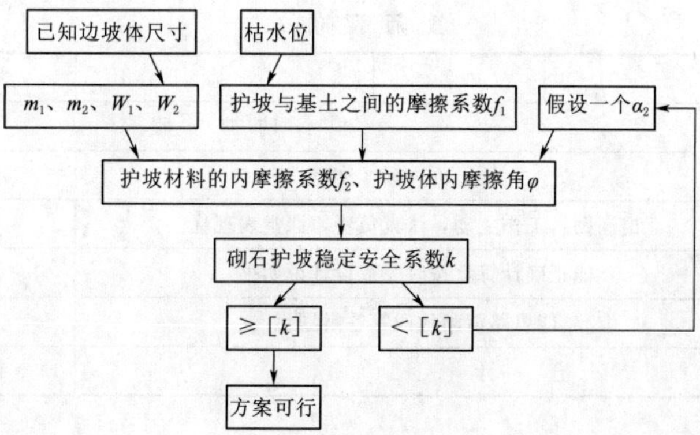

2. 墙式防护工程

墙式防护工程的抗滑稳定验算、抗倾覆稳定验算步骤如下。

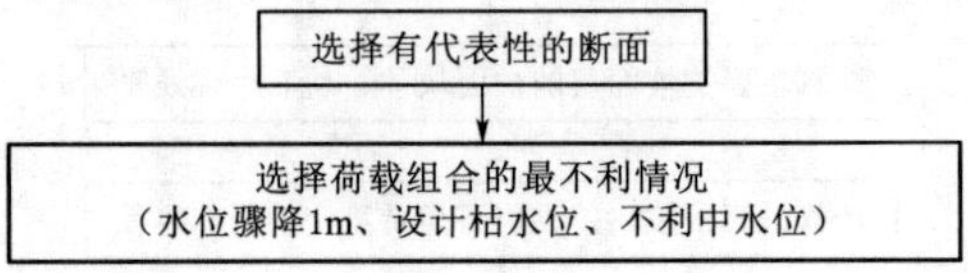

【步骤 2】 计算冲刷深度

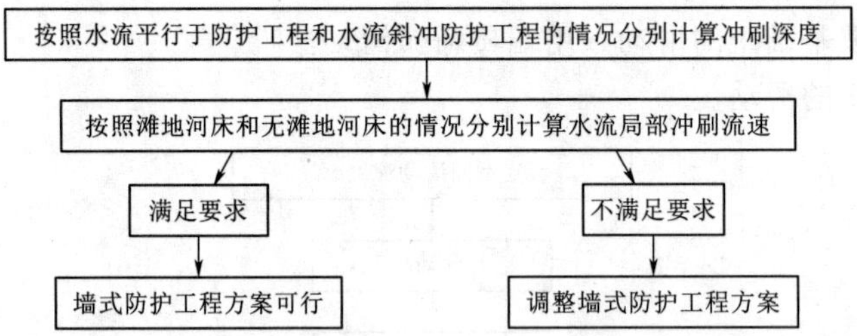

3.8 评价反馈

任务考核评价是对学生每个学习任务的完成情况进行评价，包括教师评价（占 50%）和学生自评（占 50%）两部分。

教师评价按照“过程评价＋答辩评价＋成果评价”的评价模式进行。

（1）“过程评价”是对学生平时学习任务的过程评价，借助设计教室、实训场及智能课堂等数字化学习平台实施，评价内容包括课堂考勤、师生互动、课堂表现、资源学习等方面，在确定本任务评价成绩中，过程评价成绩不满 60 分者，该任务成绩直接认定为不及格。

（2）“答辩评价”是在学习即将结束时，针对工作过程中的内容对学生进行抽题问答测试，以反映学生对工作任务的理解、掌握情况。

（3）“成果评价”是对学生提交项目成果的研判。

教师评价表见表 3.2。

表 3.2　　教师评价表

班级		姓名		学号	
学习任务 3	拟订防护工程				
评价项目	评价标准			分值	得分
过程评价	出满勤，工作主动，认真负责，课堂表现优			40	
答辩评价	能正确计算，按时完成设计说明书			30	
成果评价	能思路清晰地回答答辩题目			30	
合计				100	

学生评价可以采用学生自评和小组互评相结合的方式。学生自评表见表3.3。

表3.3　　学生自评表

班级		姓名		学号	
学习任务3	拟订防护工程				
评价项目	评价标准			分值	得分
①编制说明	对编制依据、工程概况、自然条件等进行正确说明			20	
②选用参数	能够正确选定参数			30	
③水力计算	用试算法或迭代法进行水力学计算			40	
④判定计算结果	判定现有防护方案是否满足设计标准			10	
合计				100	

3.9　相关知识点

3.9.1　防护工程的类型

河道滩岸由于受到水流、波浪和潮汐作用等的侵袭和冲刷破坏，容易造成崩塌，有些河道滩岸较窄，若发生塌岸后会直接威胁河道及堤防的安全。对于这类河道岸坡，需要采取防护工程措施，以稳定岸线、确保堤防安全。有些经过城区的河道，要从安全、生态、环境等多方面进行综合考虑进行防护。

防护工程建设应符合防洪规划和整治工程规划的要求，工程布局应因势利导、符合水流演变规律，统筹兼顾上下游、左右岸的关系，根据规划的治导线、设计整治河宽、堤距和堤线统筹安排、合理布局。河岸防护尽量采取工程防护措施与生物防护措施相结合的原则，以达到经济合理的效果。

防护工程的布局、型式、结构，需根据被防护河段的水流、波浪和潮汐的特性，以及地形地质、施工条件和运用要求等具体情况分析研究采用。可选用坡式、墙式或其他防护型式。

(1) 坡式防护工程。采用抗冲材料直接敷设在岸坡一定范围，形成连续的覆盖式防护，对河床边界条件改变较小，对近岸水流的影响也较小，是一种常见的、需要优先选用的型式，可按已建类似工程选定。

(2) 墙式防护工程。顺河岸设置，具有断面小、占地少的优点，但要求地基满足一定的承载能力。并应进行稳定分析计算。

(3) 其他防护工程。例如：桩式防护工程，我国海堤过去多采用这种防护工程，钱塘江堤采用木桩或石桩防护有悠久历史，美国密西西比河中游还保留不少木桩堆石坝，黄河下游近年来修筑了钢筋混凝土试验桩坝。可按有关规范进行专门设计。

对于河道滩地窄或无滩地的河段，岸坡基本与堤防形成了整体，因此需要按照堤防的标准进行分析计算。

对于沿护坡底面通过地基整体滑动的护坡稳定计算，其地基部分也应是圆弧滑动破坏，但是，一般护坡的基础较浅，滑动面也不深，一般为简便计算，基础部分沿地基滑动简化为折线状，用极限平衡法计算。

3.9.2　防护工程的结构及材料

防护工程经常受水流、波浪、潮汐的作用容易损坏，需要经常维修加固，工程量大，又有时限，因此防护工程在结构、材料方面应符合下列要求：①应坚固持久抗冲刷、抗磨损性强；②适应河床变形能力强；③应便于施工、修复、加固；④应就地取材，经济合理。

防护工程常用的结构型式有干砌石、浆砌石、混凝土预制块以及现浇混凝土等，随着新技术、新材料和新工艺的发展，目前有很多新的护坡材料，如格宾护垫、格宾挡墙或土工格栅等，在防护工程中应用十分广泛的生态格网结构有网箱、网垫、网袋以及落石防护网等结构型式，可用于坡式、墙式、坝式等岸坡防护，具有改善生态环境、结构柔韧、耐久抗腐等特点，在设计时应根据具体情况合理选用。目前，在洞庭湖流域草尾河崩岸治理、湖北石首市长江堤防护岸和黄石市长江干堤复兴段护坡和四川宜宾向家坝工程中得到了应用，并取得了很好的防护效果。

(1) 护坡工程可根据水流条件、波浪强度和滩岸高度、岸坡坡度及土质、材料来源等情况，选择干砌石、浆砌石、混凝土预制块、现浇混凝土等结构型式，也可选用碎石、水泥土护坡。堤防护坡顶部高程应超过设计洪水位 0.5m，滩岸护坡顶部高程应与滩面相平或略高于滩面。护坡工程设计还应符合下列要求。

1) 砌体、混凝土护坡应在消浪平台内边缘、戗台、坡度改变处设置基座。基座埋深不宜小于 0.5m。护坡应封顶，封顶宽度可为 0.5～1.0m。

2) 护坡与土体之间应设置垫层。浆砌石、混凝土等护坡应设置排水孔及变形缝，排水孔孔径可为 50～100mm，孔距可为 2～3m，宜呈梅花形布置，变形缝的缝距宜为 10～15m。

3) 护坡下部位于枯水平台内侧时，应设置脚槽，脚槽顶部高程应高于设计枯水位 0.5～1.0m。脚槽断面宜为矩形或梯形，可采用浆砌石、干砌块石或现浇混凝土结构。干砌石脚槽断面面积可为 0.6～1.0m^2；浆砌块石或混凝土脚槽断面面积可为 0.4～0.8m^2。

建筑材料的性能与计算指标可根据勘探、试验资料分析确定。

(2) 墙式防护工程。墙式防护工程为重力式挡土墙，要求有较好的地基条件，造价也较高，因而主要用于河道狭窄、堤防临河侧无滩、保护对象重要、受地形条件或已建建筑物限制的护岸段。墙式防护工程设计应符合下列要求。

1) 墙式防护工程可采用直立式、陡坡式、斜坡式、折线式、台阶式、卸荷台阶式等型式。

2) 墙体结构材料可采用钢筋混凝土、混凝土、浆砌石、钢板桩等，结构尺寸应根据具体情况及河岸整体稳定计算分析确定。

3) 在水流冲刷严重的河段，应加强护基措施；在风浪冲击严重的防护段，应加强坡面消浪措施；回填土至顶面并应采取防冲措施。

4) 在墙后与岸坡之间可回填砂砾石或砂性土料。墙体应设置排水孔，排水孔应设置反滤层。

5）沿长度方向应设置变形缝并做防渗处理。钢筋混凝土结构分缝间距可为20m，混凝土结构分缝间距可为15m，浆砌石结构分缝间距可为10m，在地基条件改变处应增设变形缝。

6）钢筋混凝土或少筋混凝土结构墙体，其断面结构尺寸应根据结构应力分析计算确定。

7）软弱地基的墙式护岸应进行地基处理，处理措施应通过技术经济论证确定。

墙式防护工程断面在满足稳定要求的前提下，宜尽量小些，以减少占地，墙基嵌入岸坡脚一定深度对墙体和岸坡整体抗滑稳定和抗冲刷有利。如果冲刷深度大，则应采取护基措施。

软弱地基处理的工程措施较多，如地下连续墙、混凝土搅拌桩、灌注桩、沉井等，需要根据具体情况通过分析计算和技术经济比较选定。

（3）桩式防护工程。桩式防护工程在抢险中使用较多。在正常防护工程中，只有当削坡、减载、压脚等措施都受到条件限制时，才考虑采用桩式防护工程。

桩式防护工程可用于维护陡岸的稳定、保护堤脚不受强烈水流的淘刷、促淤保堤。桩式防护工程设计应符合下列要求。

1）桩的材料可采用钢板桩、预制钢筋混凝土桩、大孔径钢筋混凝土管桩等，结构尺寸及桩距应根据水深、流速、泥沙、地质等情况通过计算分析确定。

2）桩可布置成1～3排，排距宜为2～4m。同一排桩的桩与桩之间可采用透水式、不透水式。透水式桩间应以横梁连系并挂尼龙网、铅丝网等构成屏蔽式桩坝。

3）桩间及桩与岸坡之间可抛块石、混凝土预制块等护底防冲。

护岸桩在以往传统工程中用得较多，如著名的钱塘江海塘等。目前逐渐被板桩或地下连续墙等所替代，已较少使用。

沿海地区桩坝促淤保滩试验工程较多，效果均较好。黄河下游花园口险工采用了大直径透水桩坝，试验也是成功的。

（4）护脚工程。护脚工程是防护工程的根基，关系着防护工程的稳定，与上部护坡工程在型式、结构材料等方面一般不相同。在确保工程安全可靠的基础上，应尽可能地选用新技术、新材料。

护脚工程可根据水流条件、河势条件、材料来源等，选用抛投体、沉枕或沉排。护脚顶部可设枯水平台，平台顶部高程应高于设计枯水位0.5～1.0m，宽度可为1～4m。护脚工程在深泓逼近的河岸段，宜护至深泓线，并应满足河床最大冲刷深度的要求；在岸坡较缓、深泓离岸较远的水流平顺段，可护至坡度为1∶4～1∶3的缓坡河床处。护脚工程设计还应符合下列要求。

1）抛投体护脚可选用块石、石笼、混凝土预制块等。块石块径应按《河道整治设计规范》（GB 50707—2011）的有关规定计算或依据已建类似工程的经验分析确定。护脚的厚度不应小于抛投体平均块径的2倍，水深流急处宜增大。护脚的坡度不宜陡于1∶1.5，迎流顶冲、重点河段宜缓于1∶2.0。

2）沉枕护脚可选用柳石枕、秸料枕、土工织物枕等。沉枕护脚可设计为单层、双层、多层，多层沉枕总断面也可设计为三角形或梯形。沉枕长度可为 10～15m，直径可选为 0.5～1.0m。护脚的顶部高程应在多年平均枯水位附近，其上部应加抛接坡石，厚度可为 0.8～1.2m；沉枕外脚应加抛压脚块石或石笼等防护。

3）沉排护脚可选用柴排、土工织物软体排、模袋混凝土沉排、铰链式混凝土板沉排等。沉排材料应有足够的强度，沉排应与被保护体有足够强度的锚固连接，排体应稳定并应能抵抗水流冲刷。采用高强度土工织物的沉排护脚，其岸坡不宜陡于 1∶2.0；采用其他沉排护脚，其岸坡不宜陡于 1∶2.5。排脚外缘宜抛石防护，并应适应河床冲刷。

（5）抛投体。为防止水流淘刷向深层发展造成工程破坏，应考虑在防护体外缘加抛防冲和稳定加固的储备方量。

抛投体能在水流作用下随着床面冲深变化而自动调整，有较好的适应性。块石是最常用的护脚加固材料。据有关资料，湖北荆江大堤护岸工程，岸坡为 1∶2，水深超过 20m，利用粒径为 0.20～0.45m 的块石，在垂线平均流速为 2.5～4.5m/s 的水流作用下，岸坡是稳定的。

在岸坡缓于 1∶3 和流速不大的情况下，抛石也可采用较小的粒径，如江苏镇江市的江心洲头护岸，采用块石质量为 5～50kg，约相当于粒径为 0.15～0.33m，稳定效果也较好。

柴枕和柴排是传统的护岸型式，造价低，可就地取材，各地都有许多经验。柴排的排型和沉排面积可根据技术要求、施工条件及历年使用经验确定。

土工织物枕、排是一种土工织物袋装沙土充填物护岸，为了使枕、排具有防渗、反滤、保土、防淤堵作用，要求土工织物孔径满足 $d_{95} \leqslant D_{85}$。其中：d_{95} 为土工织物孔径中小于该孔径保证率为 95%的孔径值；D_{85} 为充填物粒径大于该粒径的重量占 85%的粒径值。

铰链式混凝土板土工织物排是一种新型沉排，由敷设于岸床的土工织物及上压的铰接式混凝土板组成。排端铺在多年平均最低枯水位处，岸坡一般缓于 1∶2.5，最低枯水位以上接护坡石。混凝土块因有铰接串联，能适应河床变形。

3.9.3　防护范围

防护范围关系到工程的规模、稳定及工程量、投资，因此应合理确定。防护工程的长度，应根据水流、波浪、潮汐的特性以及地形、地质条件，在河床演变分析的基础上确定。在不具备河床演变分析资料的情况下，防护工程的长度也可以根据已建同类工程的经验确定。

3.9.4　防护工程稳定分析

防护工程以设计枯水位为界，分上部护坡工程和下部护脚工程，下部护脚工程一般经常受到水流淘刷，是防护工程的根基，关系着防护工程的稳定。

设计枯水位一般采用防护处枯水期的多年平均值，或取历年平均最低水位加 0.3m。如无实测资料，可按上下游测站的设计枯水位推求。

河道滩地窄或无滩地河段防护工程设计与堤防设计综合分析确定，其安全系数不应小于表 3.4 规定的数值。

表 3.4　　防护工程稳定安全系数

护面型式	坡式防护工程		墙式防护工程	
	整体稳定	边坡内部稳定	抗滑稳定	抗倾覆稳定
安全系数	1.25	1.20	1.25	1.50

防护工程可按已建同类工程选定。防护工程稳定计算包括：整体稳定计算和边坡内部稳定计算，并应符合以下要求。

3.9.4.1　坡式护岸工程

为防止岸滩受冲蚀而修建的平顺护岸、丁坝、矶头、顺坝等防护工程称为护岸工程。矶头是指保护河岸、堤防和滩地的靠岸较短建筑物。

1. 计算干砌块石护坡的护面厚度

在波浪作用下，斜坡干砌块石护坡的护面厚度可以按照式（3.1）计算。

$$t=K_1\frac{\gamma}{\gamma_b-\gamma}\frac{H}{\sqrt{m}}\sqrt[3]{\frac{L}{H}} \tag{3.1}$$

$$m=\cot\alpha \tag{3.2}$$

式中　t——干砌块石护坡的护面厚度，m；

K_1——系数，干砌石可取 0.266，砌方石、条石可取 0.225；

γ_b——块石的重度，kN/m^3；

γ——水的重度，kN/m^3；

L——波长，m；

H——计算波高，m；当$\frac{d}{L}\geqslant 0.125$时，取 $H_{4\%}$；当$\frac{d}{L}<0.125$时，取 $H_{13\%}$；

d——岸坡前水深，m；

α——斜坡坡角，(°)；

m——斜坡坡率。

2. 计算主要护坡面层的护面块体、块石个体质量

当采用人工块体或经过分选的块石作为斜坡的护坡面层时，波浪作用下单个块体、块石的质量及护面层厚度，可以按照式（3.3）计算。

$$Q=0.1\frac{\gamma_b H^3}{K_D\left(\frac{\gamma_b}{\gamma}-1\right)^3 m} \tag{3.3}$$

$$t=nC\left(\frac{Q}{0.1\gamma_b}\right)^{\frac{1}{3}} \tag{3.4}$$

$$m=\cot\alpha \tag{3.5}$$

式中　Q——主要护坡面层的护面块体、块石个体质量，t。当护面由两层块石组成时，则块石质量可为 $0.75Q\sim1.25Q$，但应有 50%以上的块石质量大于 Q；

γ_b——人工块体或块石的重度，kN/m^3；

γ——水的重度，kN/m^3；

H——计算波高，m；当平均波高与水深比值 $\frac{\overline{H}}{d} \geqslant 0.3$ 时，取 $H_{13\%}$；当 $\frac{\overline{H}}{d} < 0.3$ 时，取 $H_{5\%}$；

K_D——稳定系数，可按表 3.5 选用；

t——块体或块石护面层厚度，m；

n——护面块体或块石的层数；

m——斜坡坡率，$1.5 \leqslant m \leqslant 5.0$；

α——斜坡坡角，(°)；

C——系数，可按表 3.6 选用。

表 3.5　　稳定系数 K_D

护面类型	构造型式	K_D	说明
块石	抛填 2 层	4.0	—
块石	安放（立放）1 层	5.5	—
方块	抛填 2 层	5.0	—
四脚锥体	安放 2 层	8.5	—
四脚空心方块	安放 1 层	14.0	—
扭工字块体	安放 2 层	18.0	$H \geqslant 7.5m$
扭工字块体	安放 2 层	24.0	$H < 7.5m$

表 3.6　　系数 C

护面类型	构造型式	C	说明
块石	抛填 2 层	1.0	—
块石	安放（立放）1 层	1.3～1.4	—
四脚锥体	安放 2 层	1.0	—
扭工字块体	安放 2 层	1.2	定点随机安放
扭工字块体	安放 2 层	1.1	规则安放

3. 计算混凝土护面板厚度

混凝土板作为岸坡护面时，满足混凝土板整体稳定所需的护面板厚度可以按照式（3.6）计算。

$$t = \eta H \sqrt{\frac{\gamma}{\gamma_b - \gamma} \frac{L}{Bm}} \tag{3.6}$$

$$m = \cot\alpha \tag{3.7}$$

式中　t——混凝土护面板厚度，m；

η——系数，对开缝板可取 0.075；对上部为开缝板，下部为闭缝板可取 0.10；

H——计算波高，m；取 $H_{1\%}$；

γ_b——混凝土板的重度，kN/m^3；

γ——水的重度，kN/m^3；

L——波长，m；

B——沿斜坡方向（垂直于水边线）的护面板长度，m；

m——斜坡坡率；

α——斜坡坡角，(°)。

4. 计算抛石护坡、护脚块石保持稳定的折算直径

在水流作用下，防护工程抛石护坡、护脚块石保持稳定的抗冲粒径（折算粒径），可以按照式（3.8）计算。

$$d=\frac{V^2}{C^2 2g\dfrac{\gamma_b-\gamma}{\gamma}} \tag{3.8}$$

$$d=\left(\frac{6S}{\pi}\right)^{\frac{1}{3}}=1.24\sqrt[3]{S} \tag{3.9}$$

式中　d——折算直径，m，按球形折算；

S——石块体积，m^3；

V——水流流速，m/s；

g——重力加速度，m/s^2；

C——石块运动的稳定系数；水平底坡 $C=0.9$，倾斜底坡 $C=1.2$；

γ_b——石块的重度，kN/m^3；

γ——水的重度，kN/m^3。

5. 护岸抗滑稳定计算

坡式护岸的稳定计算包括护岸整体稳定计算和护坡内部稳定计算。

(1) 护岸整体稳定计算。坡式护岸的整体稳定计算包括护岸及岸坡基础土的滑动、沿护坡底面的滑动。

护岸及岸坡基础土的滑动可用圆弧滑动法计算。

沿护坡底面的滑动可简化成沿护坡底面通过堤基的折线整体滑动，滑动面应为 $FABC$，如图3.3所示。计算时，应先假定不同滑动深度 t 值，变动 B，按极限平衡法求出滑动安全系数，从而找出最危险的滑动面。

土体 BCD 的稳定安全系数可按式（3.10）～式（3.12）计算。

$$K=\frac{W_3\sin\alpha_3+W_3\cos\alpha_3\tan\varphi+\dfrac{ct}{\sin\alpha_3}+P_2\sin(\alpha_2+\alpha_3)}{P_2\cos(\alpha_2+\alpha_3)} \tag{3.10}$$

$$P_2=KW_2\sin\alpha_2+KP_1\cos(\alpha_1-\alpha_2)-W_2\cos\alpha_2\tan\varphi-\frac{ct}{\sin\alpha_2}-P_1\sin(\alpha_1-\alpha_2)\tan\varphi \tag{3.11}$$

$$P_1=KW_1\sin\alpha_1-f_1W_1\cos\alpha_1 \tag{3.12}$$

式中　　K——坡式护岸工程整体稳定安全系数，不应小于表3.4规定的数值；

P_1——滑动体 $GEAF$ 沿滑动面 FA 方向的下滑力；

P_2——滑动体 ABD 沿滑动面 AB 方向的下滑力；

f_1——护坡与土坡之间的摩擦系数；

φ——基础土的内摩擦角，(°)；

c——基础土的黏聚力，kN/m^2；

t——滑动深度，m；

W_1——护坡体重量，kN；

W_2——基础滑动体 ABD 重量，kN；

W_3——基础滑动体 BCD 重量，kN

α_1、α_2、α_3——滑动体 FA、AB、BC 与水平面的夹角，(°)。

(2) 护坡内部稳定计算。当坡式护岸自身结构不紧密或埋置较深不易发生整体滑动时，应进行护坡内部的稳定计算。一般，不稳定破坏发生在枯水期：当水位较低时，容易沿抗剪强度较低的接触面向下滑动，如图 3.4 所示。应假定滑动面经过坡前水位和坡岸滑裂面的交点，全滑动面为 abc 折线。折点 b 以上护坡体产生滑动力，应依靠下部护坡体的内部摩阻力平衡。石护坡稳定安全系数 K 和维持极限平衡所需的护坡体内部摩擦系数 f_2 值可按照式 (3.13)、式 (3.14) 计算。护坡内部稳定安全系数不应小于表 3.4 规定的数值。

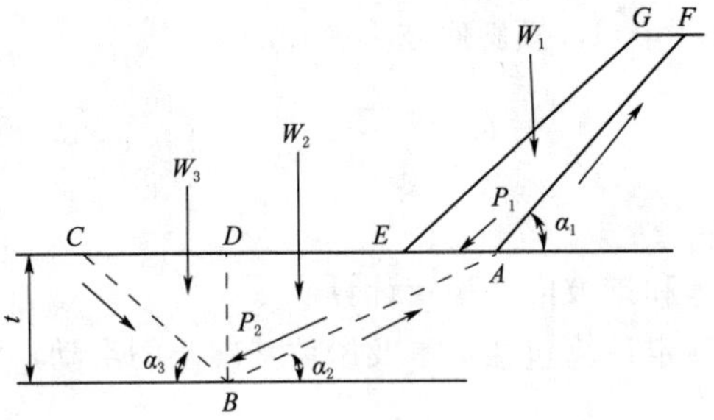

图 3.3　边坡整体滑动计算简图

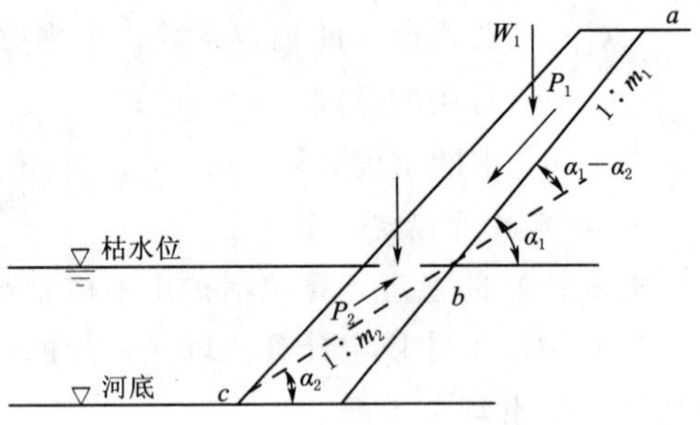

图 3.4　边坡内部滑动计算简图

$$k=\frac{\tan\varphi}{f_2} \tag{3.13}$$

$$Af_2^2-Bf_2+C=0 \tag{3.14}$$

$$A=\frac{nm_1(m_2-m_1)}{\sqrt{1+m_1^2}} \tag{3.15}$$

$$B=\frac{m_2W_2}{W_1}\sqrt{1+m_1^2}+\frac{m_2-m_1}{\sqrt{1+m_1^2}}+\frac{n(m_1^2m_2+m_1)}{\sqrt{1+m_1^2}} \tag{3.16}$$

$$C=\frac{W_2}{W_1}\sqrt{1+m_1^2}+\frac{1+m_1m_2}{\sqrt{1+m_1^2}} \tag{3.17}$$

$$n=\frac{f_1}{f_2} \tag{3.18}$$

式中 K——坡式护岸防护工程整体稳定安全系数，不应小于表3.4规定的数值；

φ——护坡体内摩擦角，(°)；

f_2——维持极限平衡所需要的护坡体材料的内摩擦系数；按式（3.14）计算。

m_1——折点 b 以上护坡内坡的坡率；

m_2——折点 b 以下滑动面的坡率；

f_1——护坡与基土之间的摩擦系数；

f_2——护坡材料的内摩擦系数；

n——系数。

3.9.4.2 重力式防护工程

坝式、墙式防护工程采用重力式结构时，应按重力式挡土墙进行结构稳定性验算。验算内容包括：①整体滑动稳定计算；②以基础底面为控制面，按挡土墙的水平滑动稳定性、倾覆稳定性、地基应力计算。

整体滑动稳定计算可采用圆弧法进行，计算在自重和外荷载作用下发生通过河堤与地基整体剪切破坏的可能性。计算时应考虑工程可能发生的最大冲刷深度对稳定的影响。

重力式防护工程按挡土墙进行稳定性计算。重力式护岸所受的土压力可按主动土压力（库仑理论公式）计算，对两个具体计算问题作了处理。

（1）由于重力式防护工程靠土一侧有采用台阶、变坡等各种形式的情况，因此根据变化情况沿垂向采取分段计算土压力，对计算段以上土体及其他荷载按均布荷载处理。

（2）当土体为黏性土时，通过加大土内摩擦角的办法将凝聚力的影响包含于公式中。

选择有代表性的断面，选择荷载组合的最不利情况，计算应选择水位骤降1m、设计枯水位以及不利中水位三种情况。设计枯水位是指用于护岸工程设计护坡与护脚的分界，通常选取枯水期水位的多年平均值或相应于某一重现期的枯水位。

1. 重力式挡土墙抗滑稳定验算

重力式挡土墙抗滑稳定可以按照式（3.19）～式（3.23）验算，计算简图如图3.5所示。

$$F_{抗滑}=\frac{(G_n+E_{an})\mu}{E_{at}-G_t} \tag{3.19}$$

$$G_n=G\cos\alpha_0 \tag{3.20}$$

$$G_t=G\sin\alpha_0 \tag{3.21}$$

$$E_{at}=E_a\sin(\alpha-\alpha_0-\delta) \tag{3.22}$$

$$E_{an}=E_a\cos(\alpha-\alpha_0-\delta) \tag{3.23}$$

式中 G——挡土墙每延米自重，kN；

E_a——主动土压力，kN；

α_0——挡土墙基底的倾角，(°)；

α——挡土墙墙背的倾角，(°)；

δ——土对挡土墙墙背的摩擦角，(°)，可按照表3.7选用；

μ——土对挡土墙基底的摩擦系数，由试验确定，也可按照表3.8选用。

表 3.7　　　　土对挡土墙墙背的摩擦角 δ

挡土墙情况	摩擦角 δ	挡土墙情况	摩擦角 δ
墙背平滑，排水不良	$(0\sim0.33)\ \varphi_k$	墙背很粗糙，排水良好	$(0.50\sim0.67)\ \varphi_k$
墙背粗糙，排水良好	$(0.33\sim0.50)\ \varphi_k$	墙背与填土间不可能滑动	$(0.67\sim1.00)\ \varphi_k$

注　φ_k 为挡土墙墙背填土的内摩擦角标准值。

表 3.8　　　　土对挡土墙基底的摩擦系数 μ

土 的 类 别		摩 擦 系 数 μ
墙黏性土	可塑	0.25～0.30
	硬塑	0.30～0.35
	坚硬	0.35～0.45
粉土		0.35～0.40
中砂粗砂砾砂		0.40～0.50
碎石土		0.40～0.60
软质岩		0.40～0.60
表面粗糙的硬质岩		0.65～0.75

注　1. 对于易风化的软质岩和塑性指数 $I_p>22$ 的黏性土，基底摩擦系数应通过试验确定。
　　2. 对于碎石土，可根据其密实程度、填充物状况、风化程度等确定。

2. 重力式挡土墙抗倾覆稳定验算

重力式挡土墙抗倾覆稳定可以按照式（3.24）～式（3.28）验算（图 3.6）。

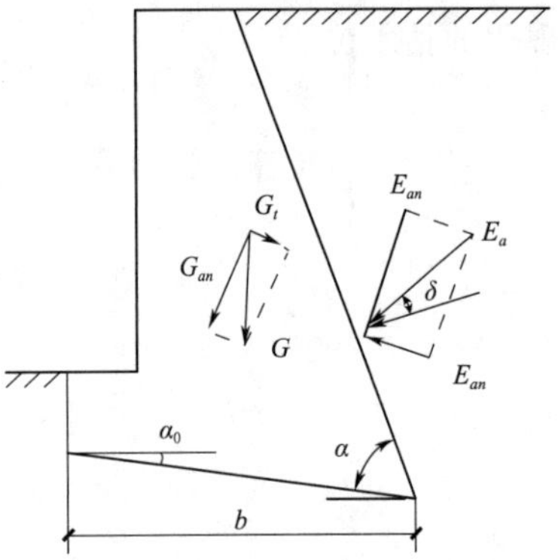

图 3.5　重力式挡土墙抗滑稳定计算简图

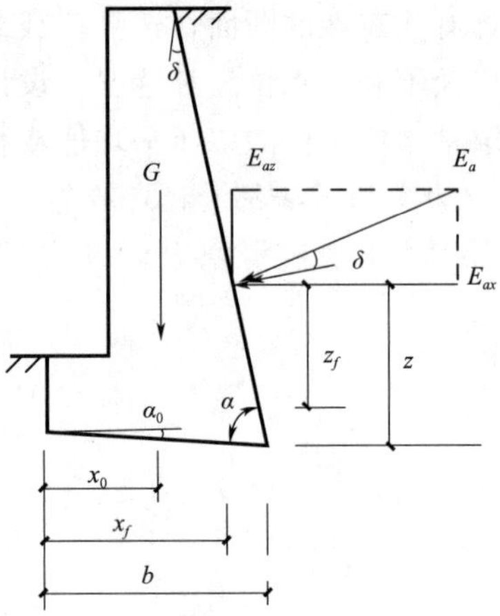

图 3.6　挡土墙抗倾覆稳定验算示意图

$$F_{抗倾}=\frac{Gx_0+E_{ax}x_f}{E_{ax}z_f} \tag{3.24}$$

$$E_{ax}=E_a\sin(\alpha-\delta) \tag{3.25}$$

$$E_{az}=E_a\cos(\alpha-\delta) \tag{3.26}$$

$$x_f=b-z\cot\alpha \tag{3.27}$$

$$z_f = z - b\cot\alpha_0 \tag{3.28}$$

式中 E_{ax}——主动土压力沿水平方向的分力，kN；

E_{az}——主动土压力沿竖直方向的分力，kN；

z——土压力作用点离墙踵的高度，m；

x_f——E_{az}作用点离墙趾的水平距离，m；

z_f——E_{ax}作用点离墙趾的垂直距离，m；

x_0——挡土墙重心离墙趾的水平距离，m；

b——基底的水平投影宽度，m。

3. 主动土压力计算

(1) 砂性土情况下，土压力按式 (3.29) 计算。

$$E = \frac{1}{2}\gamma H(H + 2h_0 k_q)k \tag{3.29}$$

$$h_0 = \frac{q}{\gamma} \tag{3.30}$$

$$k_q = \frac{\cos\alpha\cos\beta}{\cos(\alpha - \beta)} \tag{3.31}$$

$$k = \frac{\cos\alpha^2(\varphi - \alpha)}{\left[1 + \sqrt{\dfrac{\sin(\varphi + \delta)\sin(\varphi - \beta)}{\sin(90° - \alpha - \delta)\cos(\alpha - \beta)}}\right]^2 \sin(90° - \alpha - \delta)\cos^2\alpha} \tag{3.32}$$

式中 E——主动土压力，kN；

k_q——均布荷载分布系数；

γ——填土的重度，kN/m^3；

φ——填土的内摩擦角，(°)；

α——墙背与竖直线所成的倾角，(°)，当墙背仰斜时 α 为负值；当墙背俯斜时 α 为正值；

δ——外摩擦角，土与墙背之间的摩擦角，(°)；

β——填土表面与水平线所成的坡角，(°)；

k——主动土压力系数；

q——均布荷载，kN/m；

h_0——外荷等代土层高度，m；

H——墙背填土高度，m。

(2) 黏性土情况时，可通过加大土的内摩擦角，采用等值内摩擦角 φ_D，将黏着力 c 包括进去，即采用式 (3.33) 计算。

$$\tan\left(45° - \frac{\varphi_D}{2}\right) = \sqrt{\frac{\gamma H^2 \tan^2\left(45° - \dfrac{\varphi}{2}\right) - 4cH\tan^2\left(45° - \dfrac{\varphi}{2}\right) + \dfrac{4c^2}{\gamma}}{\gamma H^2}} \tag{3.33}$$

(3) 当重力式挡土墙背坡若呈折线形式，可分段计算主动土压力，计算段以上土体按均布荷载情况处理，并按式 (3.34) 计算。

$$h_0=\frac{q}{\gamma} \tag{3.34}$$

（4）当堤防按地震设防时，重力式护岸工程中计算中的土压力按式（3.35）计算。

$$E=\frac{1}{2}\times\frac{r}{\cos\varepsilon}H(H+2h_0k_q)k \tag{3.35}$$

$$k=\frac{\cos^2(\varphi-\alpha-\varepsilon)}{\cos^2(\alpha+\varepsilon)\cos(\alpha+\delta+\varepsilon)\left[1+\sqrt{\dfrac{\sin(\varphi+\delta)\sin(\varphi-\beta-\varepsilon)}{\cos(\alpha+\delta+\varepsilon)\cos(\alpha-\beta)}}\right]^2} \tag{3.36}$$

$$\varepsilon=\tan^{-1}\mu \tag{3.37}$$

式中　E——地震时的土压力，kN；

ε——地震角，(°)，可按表 3.9 取值；

μ——地震系数，可按表 3.9 取值。

表 3.9　　地震角 ε 及地震系数 μ

地震烈度	7°	8°	9°
地震系数 μ	1/40	1/20	1/10
地震角 ε	1°25′	3°	6°

3.9.5　计算冲刷深度

3.9.5.1　水流平行于防护工程

水流平行于防护工程产生的冲刷深度可按式（3.38）计算。

$$\Delta h_B=h_p\left[\left(\frac{V_{cp}}{V_{允}}\right)^n-1\right] \tag{3.38}$$

式中　Δh_B——局部冲刷深度，m；

h_p——冲刷处冲刷前的水深，m；

V_{cp}——平均流速，m/s；

$V_{允}$——河床面上允许不冲流速，m/s；

n——与防护岸坡在平面上的形状有关，可取 $n=\frac{1}{4}$。

3.9.5.2　水流斜冲防护工程

水流斜冲防护工程产生的冲刷深度可按式（3.39）计算。

$$\Delta h_p=\frac{23\left(\tan\dfrac{\alpha}{2}\right)V_j^2}{g\sqrt{1+m^2}}-30d \tag{3.39}$$

式中　α——水流流向与岸坡交角，(°)，如图 3.7（a）所示；

Δh_p——从河底算起的局部冲刷深度，m，如图 3.7（b）所示；

m——防护建筑物迎水面边坡系数；

d——坡脚处土壤计算粒径，m。对非黏性土，取大于 15%（按重量计）的筛孔直径；对黏性土，取表 3.10 中的当量粒径值；

g——重力加速度，m/s；

V_j——水流的局部冲刷流速，m/s。

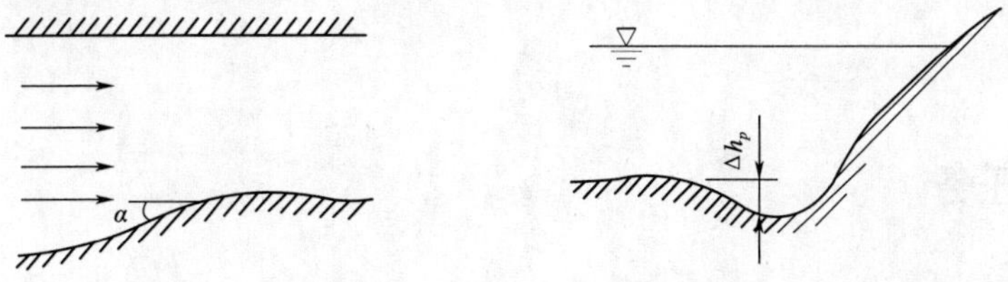

(a) 水流流向与岸坡交角　　(b) 从河底算起的局部冲刷深度

图 3.7　防护工程冲刷深度计算示意图

表 3.10　黏性土的当量粒径值

土壤性质	孔隙比	干重度/(kN/m³)	黏性土的当量粒径值/cm		
			黏土及重黏壤土	轻黏壤土	黄土
不密实的	0.9～1.2	11.76	1	0.5	0.5
中等密实的	0.6～0.9	11.76～15.68	4	2	2
密实的	0.3～0.6	15.68～19.60	8	8	3
很密实的	0.2～0.3	19.60～21.07	10	10	6

3.9.5.3　计算水流局部冲刷流速

水流局部冲刷流速V_j计算按照滩地河床和无滩地河床的情况分别进行。

(1) 滩地河床，水流局部冲刷流速V_j的计算按照式 (3.40) 进行。

$$V_j=\frac{2\eta Q_1}{B_1H_1(1+\eta)} \tag{3.40}$$

式中　B_1——河滩宽度，从河槽边缘至坡脚距离，m；

Q_1——通过河滩部分的设计流量，m^3/s；

H_1——河滩水深，m；

η——水流流速分配不均匀系数，根据 α 角按照表 3.11 取用。

表 3.11　水流流速分配不均匀系数 η

α	≤15°	20°	30°	40°	50°	60°	70°	80°	90°
η	1.00	1.25	1.50	1.75	2.00	2.25	2.50	2.75	3.00

(2) 无滩地河床，水流局部冲刷流速V_j的计算按照式 (3.41) 进行。

$$V_j=\frac{Q}{W-W_P} \tag{3.41}$$

式中　Q——设计流量，m^3/s；

W——原河道过水断面面积，m^2；

W_P——河道缩窄部分的断面面积，m^2。

工作任务4　拟 订 控 导 工 程

4.1　工作任务

4.1.1　工程内容

（1）判定是否需要设置控导工程。

（2）拟订丁坝工程结构。

（3）拟订顺坝工程结构。

（4）拟订锁坝、潜坝工程结构。

4.1.2　工程概况

同前。

4.2　工作目标

（1）学会拟订治河控导工程——丁坝工程结构。

（2）学会拟订治河控导工程——顺坝工程结构。

（3）学会拟订治河控导工程——锁坝、潜坝工程结构。

4.3　任务分组

按照表4.1填写学生任务分组名单。

表4.1　　学生任务分组表

班级		组号		指导老师	
组长		学号			
组员					
任务分工					

4.4 获取信息（引导问题）

引导问题 1：河道什么情况下需要设置控导工程？

引导问题 2：几种控导工程（丁坝、顺坝、锁坝、潜坝）的应用条件是什么？

4.5 工作计划

按照工程资料，认真分析控导工程措施的适用条件，拟订适宜的控导工程结构。

4.6 进度决策

通过提问、讲解，教师引导学生拟订出适宜的控导工程方案。

（1）丁坝的长度、间距、坝顶宽度、坝顶高程、坝的上下游坡度、结构尺寸、壅水高度、冲刷深度。

（2）顺坝的坝顶高程、坝顶宽度、长度、结构尺寸、冲刷深度。

（3）锁坝、潜坝的坝顶高程、壅水高度、冲刷深度。

4.7 工作实施

【步骤】 拟订河道控导工程方案

河道是否需做控导工程，做什么样的控导工程（丁坝、顺坝、锁坝、潜坝），需要根据规划的治导线、设计整治河宽、堤距和堤线统筹安排、合理布置。并应根据河流水文泥沙特性、河床边界条件、河道整治工程总体布置要求，选用丁坝、顺坝、透水桩坝、锁坝或潜坝等坝型。可选用透水、不透水，淹没、非淹没或上挑、正挑、下挑等型式。具体步骤如下：

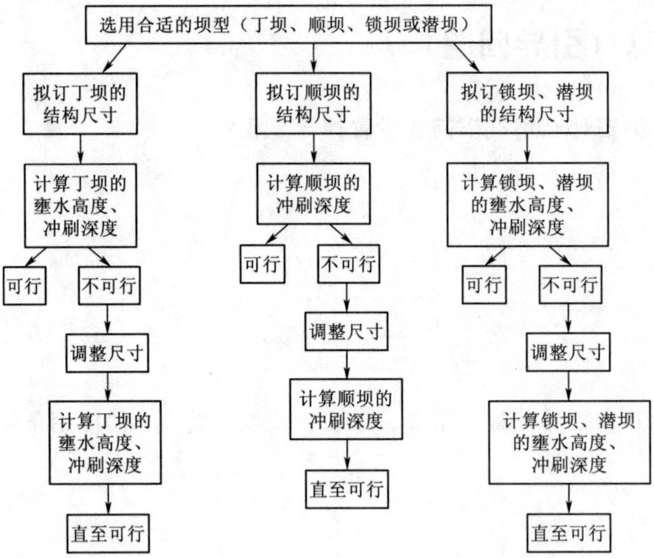

4.8　评价反馈

任务考核评价是对学生每个学习任务的完成情况进行评价，包括教师评价（占 50%）和学生自评（占 50%）两部分。

教师评价按照"过程评价＋答辩评价＋成果评价"的评价模式进行。

(1)"过程评价"是对学生平时学习任务的过程评价，借助设计教室、实训场及智能课堂等数字化学习平台实施，评价内容包括课堂考勤、师生互动、课堂表现、资源学习等方面，在确定本任务评价成绩中，过程评价成绩不满 60 分者，该任务成绩直接认定为不及格。

(2)"答辩评价"是在学习即将结束时，针对工作过程中的内容对学生进行抽题问答测试，以反映学生对工作任务的理解、掌握情况。

(3)"成果评价"是对学生提交项目成果的研判。

教师评价表见表 4.2。

表 4.2　　教师评价表

班级		姓名		学号	
学习任务 4	拟订控导工程				
评价项目	评价标准			分值	得分
过程评价	出满勤，工作主动，认真负责，课堂表现优			40	
答辩评价	能正确计算，按时完成设计说明书			30	
成果评价	能思路清晰地回答答辩题目			30	
合计				100	

学生评价可以采用学生自评和小组互评相结合的方式。学生自评表见表4.3。

表4.3　　学 生 自 评 表

班级		姓名		学号	
学习任务4	拟 订 控 导 工 程				
评价项目	评 价 标 准			分值	得分
①编制说明	对编制依据、工程概况、自然条件等进行正确说明			20	
②选用参数	能够正确选定参数			30	
③水力计算	用试算法或迭代法进行水力学计算			40	
④判定计算结果	判定拟订控导工程是否满足设计标准			10	
合　　计				100	

4.9 相关知识点

各种控导工程均宜通过河工模型试验验证。

4.9.1 丁坝

4.9.1.1 丁坝的平面布置

丁坝的平面布置应根据整治规划、水流流势、河岸冲刷情况和已建同类工程的经验确定。丁坝坝头位置应按整治工程位置线布置。建设丁坝应符合下列要求：

1. 丁坝的长度

丁坝的长度应根据堤防、滩岸至整治工程位置线距离确定。当距离较远时，可在整治工程位置线后一定的距离修建与整治工程位置线基本平行的连坝。

2. 丁坝的间距

丁坝的间距可为坝长的1～3倍，控导工程下段丁坝的间距可大于中上段。潮汐河口段丁坝间距可为坝长的5～8倍，还可根据护滩造滩要求按当地工程经验分析确定。

3. 丁坝布置型式

非淹没丁坝可采用下挑式，交角宜为30°～60°；淹没丁坝可采用上挑式；受潮流和倒灌影响的丁坝可采用正挑式。

4. 丁坝组成

丁坝宜由土坝体和裹护体组成，裹护体应包括上部护坡和下部护根，各部位采用的材料应根据需要和当地情况确定。

5. 结构尺寸

丁坝坝顶的宽度、坝的上下游坡度、结构尺寸，应根据水流地质条件、工程稳定、施工及运用要求分析确定，丁坝坝顶宽度可采用2～15m。

6. 其他

丁坝与堤防或滩岸衔接处应注重防护。

4.9.1.2 计算丁坝的壅水高度

丁坝的壅水高度可按式（4.1）计算（图 4.1）。

$$\Delta Z=\frac{Q^2}{2g(\varphi\varepsilon \bar{B}h)^2}-\frac{V_0^2}{2g} \tag{4.1}$$

式中　ΔZ——丁坝壅水高度，m；

Q——通过丁坝孔口的流量，m/s^3；

φ——流速系数，对于垂直流向的丁坝，φ 值可取 0.75～0.85；与流向成锐角的丁坝，φ 值可取 0.85～0.90；

ε——侧收缩系数，与丁坝缩窄断面比及坝头形状有关。ε 值可取 0.8，缩窄显著者，ε 值取 0.7；

$\bar{B}$——坝孔口平均宽度，m；

h——孔口处的平均水深，m，可近似用下游水深计算；

V_0——行近流速，m/s，其流速水头为$\frac{V_0^2}{2g}$。

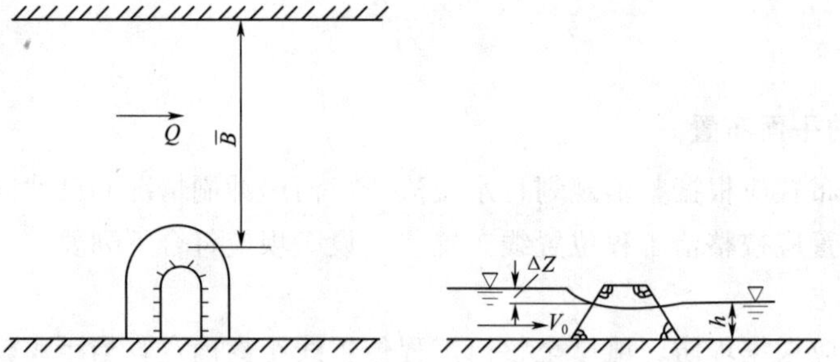

图 4.1　丁坝壅水高度计算示意图

4.9.1.3 计算丁坝的冲刷深度

丁坝的冲刷深度与水流、河床组成、丁坝形状与尺寸以及所处河段的具体位置等因素有关，其冲刷深度计算公式应根据水流条件、河床边界条件以及观测资料验证分析、验证、选用。

（1）非淹没丁坝冲刷深度可按式（4.2）计算［《河道整治设计规范》（GB 50707—2011）推荐］。

$$\Delta h=27K_1K_2\left(\tan\frac{\alpha}{2}\right)\frac{V_0^2}{g}-30d \tag{4.2}$$

$$K_1=e^{-5.1\sqrt{\frac{V_0^2}{gL}}} \tag{4.3}$$

$$K_2=e^{-0.2m} \tag{4.4}$$

式中　Δh——冲刷深度，m；

V_0——丁坝坝前行近流速，m/s；

K_1——与丁坝在水流法线上投影长度 L 有关的系数；

K_2——与丁坝边坡坡率 m 有关的系数；

α——水流轴线与丁坝轴线的交角，当丁坝上挑 $\alpha>90°$时，应取 $\tan\frac{\alpha}{2}=1$；

g——重力加速度，m/s^2；

d——床沙粒径，m。

（2）非淹没丁坝所在河流河床质粒径较细时，从水面算起的局部冲刷深度可按式（4.5）计算［《河道整治设计规范》（GB 50707—2011）推荐］。

$$h_B=h_0+\frac{2.8V_0^2}{\sqrt{1+m^2}}\sin\alpha \tag{4.5}$$

式中　h_B——从水面算起局部冲刷深度，m；

V_0——丁坝坝前行近流速，m/s；

h_0——丁坝坝前行近水流水深，m，包括行近流速水头；

m——丁坝边坡坡率；

α——水流轴线与丁坝轴线的交角。

4.9.2　顺坝

4.9.2.1　顺坝的平面布置

坝用于导引水流、调整河岸走向时，宜布置在过渡段、分汊河段、急弯段及凹岸末端、河口及洲尾等水流不顺和水流分散的区域。建设顺坝应符合下列要求。

1. 顺坝方向

顺坝与水流方向应接近或略有微小交角，并应直接布置在治导线上。

2. 坝顶高程

顺坝坝顶高程应高于河道整治流量相应水位以上 0.5m，也可自坝根至坝头，沿水流方向略有倾斜。

3. 坝顶宽度

顺坝坝顶宽度应根据坝体结构、施工、抢险要求确定。土质顺坝的坝顶宽度可取 3～10m，抛石顺坝的坝顶宽度可取 2～5m。

4. 顺坝坡度

顺坝迎水坡坡度应较平顺，边坡可取 1∶3.0～1∶1.5，并应沿边坡抛石或抛枕加以保护；坝头处边坡应适当放缓，不宜陡于 1∶3；顺坝背水坡边坡可取 1∶2～1∶1。

5. 其他

坝基位于中细沙河床上的顺坝，应放置沉排。沉排伸出坝基的宽度，迎水坡不宜小于 6m，背水坡不宜小于 3m，也可根据河工模型试验结果分析确定。

4.9.2.2　计算顺坝的冲刷深度

1. 水流平行于顺坝

当水流平行于顺坝时产生的最大冲刷深度可按式（4.6）计算。

$$\Delta h_B = h_p\left[\left(\frac{V_{cp}}{V_{允}}\right)^n - 1\right] \tag{4.6}$$

$$V_{cp} = V\frac{2\eta}{1+\eta} \tag{4.7}$$

式中　Δh_B——局部冲刷深度，m；

h_p——冲刷处冲刷前的水深，m；

V_{cp}——近岸垂线平均流速，m/s；

$V_{允}$——河床面上允许不冲流速，m/s；

n——与防护岸坡在平面上的形状有关，可取 $n=\frac{1}{4}$；

η——水流流速不均匀系数，根据水流流向与岸坡交角 α 查表 4.4 采用。

表 4.4　　水流流速不均匀系数 η

α	≤15°	20°	30°	40°	50°	60°	70°	80°	90°
η	1.00	1.25	1.50	1.75	2.00	2.25	2.50	2.75	3.00

2. 水流斜冲顺坝

水流斜冲顺坝产生的最大冲刷深度计算可按式（4.8）计算。

$$\Delta h_p = \frac{23\left(\tan\frac{\alpha}{2}\right)V_j^2}{g\sqrt{1+m^2}} - 30d \tag{4.8}$$

式中　α——水流流向与岸坡交角，(°)，如图 4.2（a）所示；

Δh_p——从河底算起的局部冲刷深度，m，如图 4.2（b）所示；

m——防护建筑物迎水面边坡系数；

d——坡脚处土壤计算粒径，m。对非黏性土，取大于 15%（按重量计）的筛孔直径；对黏性土，取表 4.5 中的当量粒径值；

g——重力加速度，m/s；

V_j——水流的局部冲刷流速，m/s。

表 4.5　　黏性土的当量粒径值

土壤性质	孔隙比	干重度/(kN/m³)	黏性土的当量粒径值/cm		
			黏土及重黏壤土	轻黏壤土	黄土
不密实的	0.9～1.2	11.76	1	0.5	0.5
中等密实的	0.6～0.9	11.76～15.68	4	2	2
密实的	0.3～0.6	15.68～19.60	8	8	3
很密实的	0.2～0.3	19.60～21.07	10	10	6

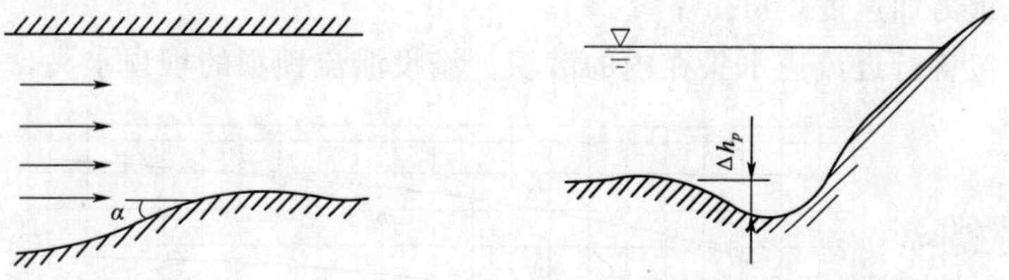

（a）水流流向与岸坡交角　　（b）从河底算起的局部冲刷深度

图 4.2　防护工程冲刷深度计算示意图

4.9.3　锁坝、潜坝

4.9.3.1　锁坝、潜坝的布置

建设锁坝、潜坝应符合下列要求：

（1）锁坝的坝顶高程应根据实际需要确定。锁坝的顶宽可取 3～8m，上下游边坡应根据稳定计算确定。锁坝应在坝身上下游做护底工程，护底宽度上游可取坝高的 1.5 倍，下游可取坝高的 3～8 倍。

（2）淹没式锁坝坝身应具有抗冲能力，坝段中部应占坝长 1/2～2/3，其顶部高程应水平，两端坝段顶高程可按 1/25～1/10 的坡度与河岸相连接。

（3）潜坝坝顶部高程应低于设计枯水位，坝顶宽度不宜小于 3m，边坡坡比应根据稳定计算确定，坝身应具有抗冲能力。

（4）重要河段的锁坝、潜坝和规模较大的锁坝、潜坝，应根据河工模型试验结果进行专项设计。

4.9.3.2　潜坝、淹没泄流锁坝的壅水高度

潜坝、淹没泄流锁坝的壅水高度可按式（4.9）计算。

$$\Delta Z=H-(h_t-h_l) \tag{4.9}$$

$$H=\left(\frac{Q}{mB\sqrt{2g}}\right)^{\frac{2}{3}}-\frac{V_0^2}{2g} \tag{4.10}$$

$$H_0=H+\frac{V_0^2}{2g} \tag{4.11}$$

式中　ΔZ——潜坝、淹没泄流锁坝的壅水高度，m；

h_t——下游水深，m；

h_l——潜坝、淹没泄流锁坝的高度，m；

H——潜坝、淹没泄流锁坝的坝顶水头，m；

Q——过坝流量，m/s^3；

B——溢流部分的坝宽，m；

V_0——坝前行近流速，m/s；

m——流量系数，与$\frac{\Delta Z}{H_0}$有关，可由图 4.3 查出；

g——重力加速度，m/s^2；

H_0——包含行近流速水头在内的潜坝、淹没泄流锁坝的坝顶水头，m。

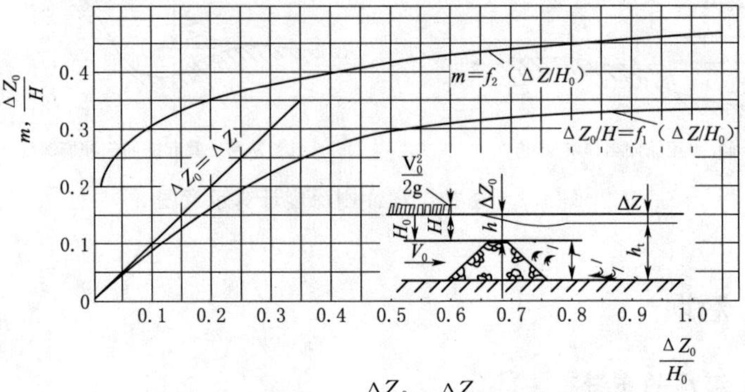

图 4.3　潜坝 m、$\frac{\Delta Z_0}{H}$与$\frac{\Delta Z}{H_0}$关系曲线

4.9.3.3　潜坝、淹没泄流锁坝的冲刷深度

潜坝、淹没泄流锁坝冲刷深度可按式（4.12）计算。

$$h_B=\frac{0.332}{\sqrt{d}\left(\frac{h}{d}\right)^{\frac{1}{6}}}q \tag{4.12}$$

式中　h_B——从坝下游水面算起的冲刷坑最大深度，m；

q——过坝单宽流量，$m^3/s/m$；

d——河床沙平均粒径，m；

h——坝下游冲刷前水深，m。

4.9.4　透水桩坝

透水桩坝宜采用预制钢筋混凝土桩或钢筋混凝土灌注桩。桩空隙可为 0.2～0.5m。桩的顶部高程可采用河道整治流量相应的设计水位。桩径、桩长和配筋设计应根据河道地质条件和设计最大冲刷深度等情况计算确定。

工作任务5 疏挖工程设计

5.1 工程资料

惠济河治理段在19+000～21+000段，临近陈留镇，河道右岸分布有不连续生活垃圾和建筑垃圾，其余临近村庄的河段岸坡上也有零星分布的生活垃圾。

惠济河河段，常年有生活排水，用洛阳铲取样观察河床底部有0.5～1.0m厚的新近淤积物，灰～褐灰色，流塑状，局部软塑状；有腥臭味，土质不均，局部砂粒含量高。

有机质含量均小于10%，淤积物主要为上游河床及岸坡的冲刷物。结合河道各土层的物理力学特性以及《疏浚与吹填工程技术规范》(SL 17—2014) 的规定，判别河道疏浚开挖工程土类级别为1～2级。

表5.1 淤积物分布及物理试验表

桩号	样深/m	暂定名	e_0	S_r	W_L/%	W_P/%	I_P	I_L	$a_{0.1\sim0.2}$/(1/MPa)	有机质含量/%
21+100	0.2～0.4	淤泥质土	1.263	100	34.7	20.4	15.7	1.77	0.61	5.0
25+500	0.2～0.3	淤泥质土	1.214	100	33.8	20.3	14.8	1.76	0.51	5.2
30+055	0.2～0.6	淤泥质土	1.192	101	32.3	19.8	12.9	1.89	0.42	6.1

惠济河常年有水，水深约0.2～1.0m。河水位高于疏浚设计开挖高程，存在排水问题。施工时采用导流排水和围堰挡水。排水时关闭群力闸（桩号17+184），利用上游铁底河、跃进支渠导流。在桩号17+084处修筑一道横向土围堰，围堰顶宽3m，高度3m，边坡1∶2。

地下水水位高程54.52～62.08m。设计开挖高程59.57～62.93m，浅层地下水水位，年变幅一般为1.0～2.0m，地下水位位于设计开挖线以下，不存在排水问题；但应在施工前复测水位，确定是否采取降水措施，保证河道疏浚时正常作业。

工程所需土料主要利用河道疏浚弃土，由勘察实验结果可知土料除天然含水量偏高外，其他各项指标满足规范要求，翻晒后可作为合格土料使用。施工时应控制上堤土料含水率，清理土料中的杂质，保证碾压质量。工程所需砂石料就近采购，使用前应对其质量进行复核。

5.2 河道横断面图

以下是河道横断面图（桩号17+225～30+560段）（图5.1～图5.64）。

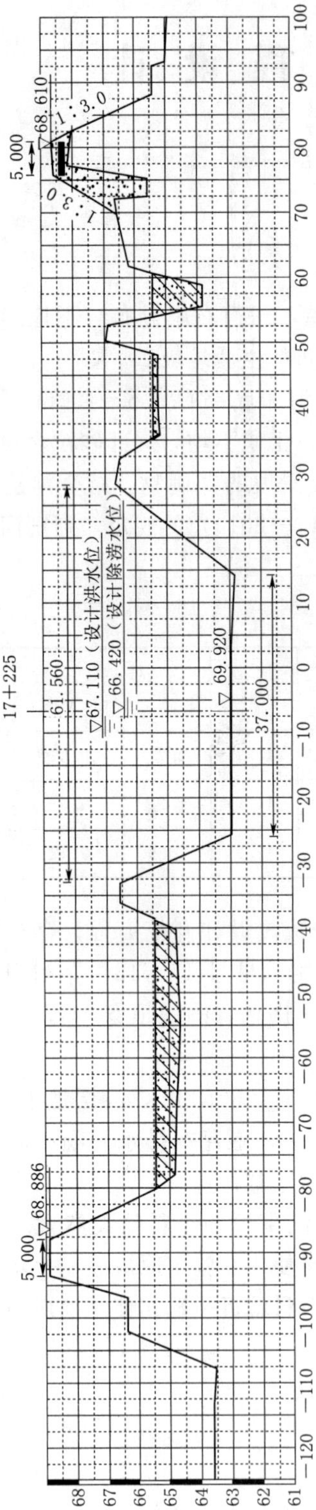

图 5.1　惠济河河道横断面图（桩号 17+225 处）

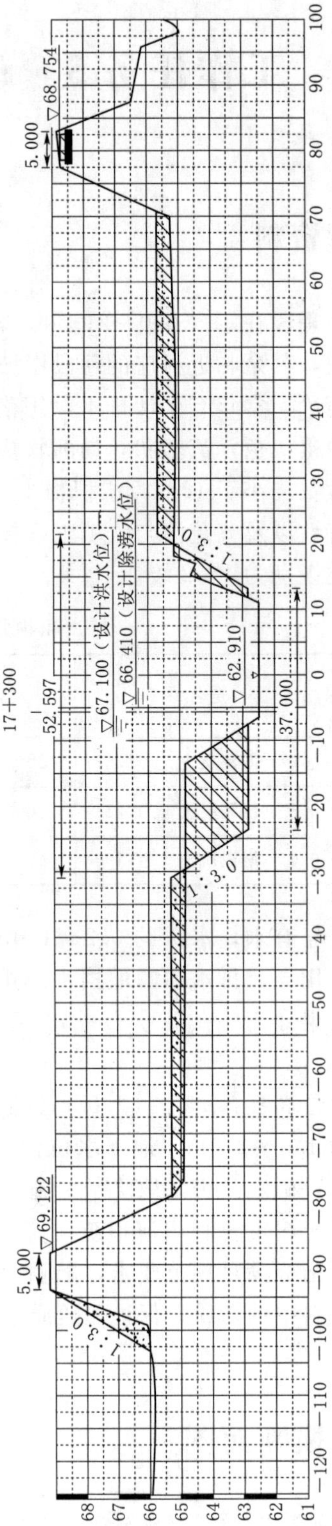

图 5.2　惠济河河道横断面图（桩号 17+300 处）

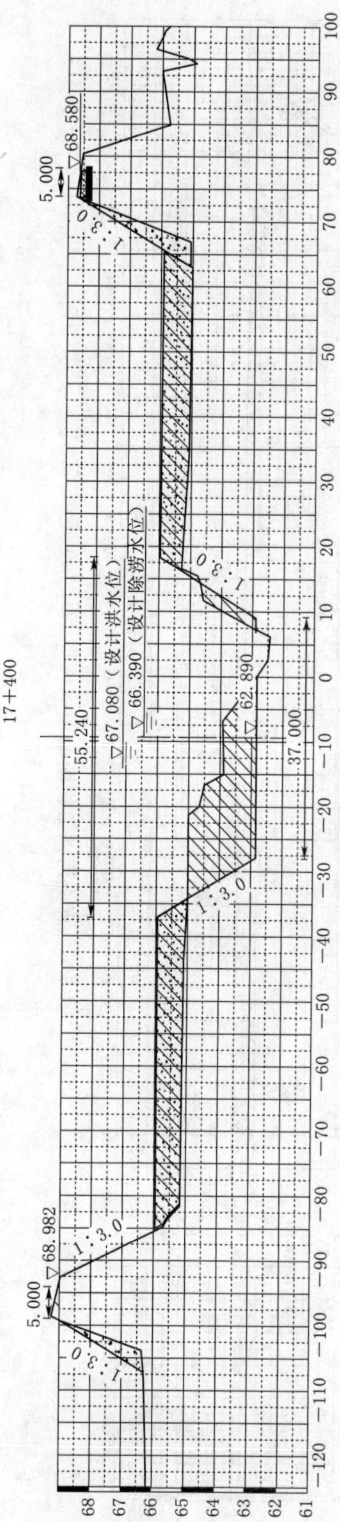

图5.3　惠济河河道横断面图（桩号17+400处）

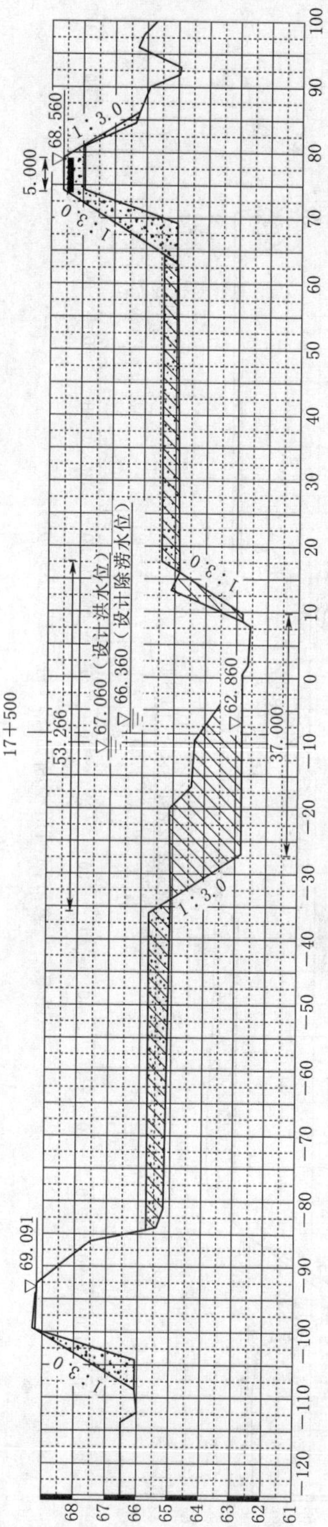

图5.4　惠济河河道横断面图（桩号17+500处）

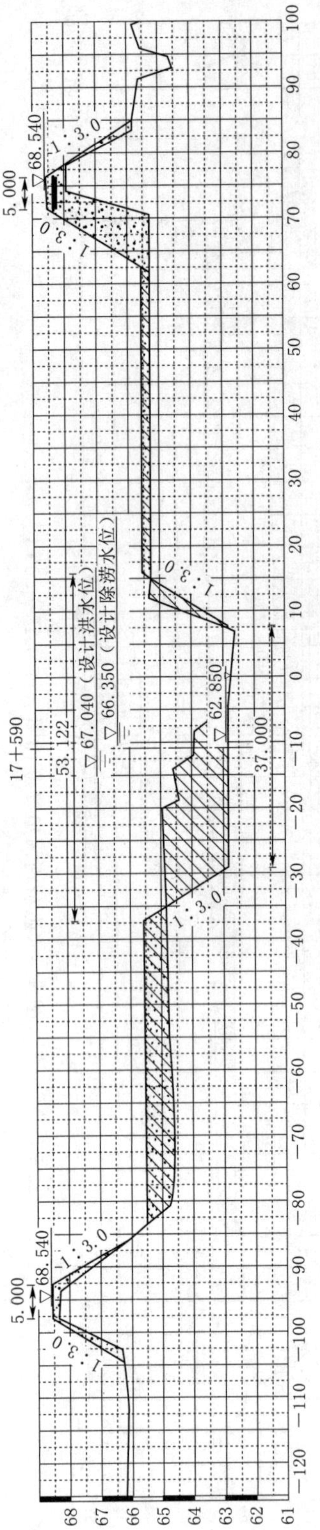

图 5.5　惠济河道横断面图（桩号 17+590 处）

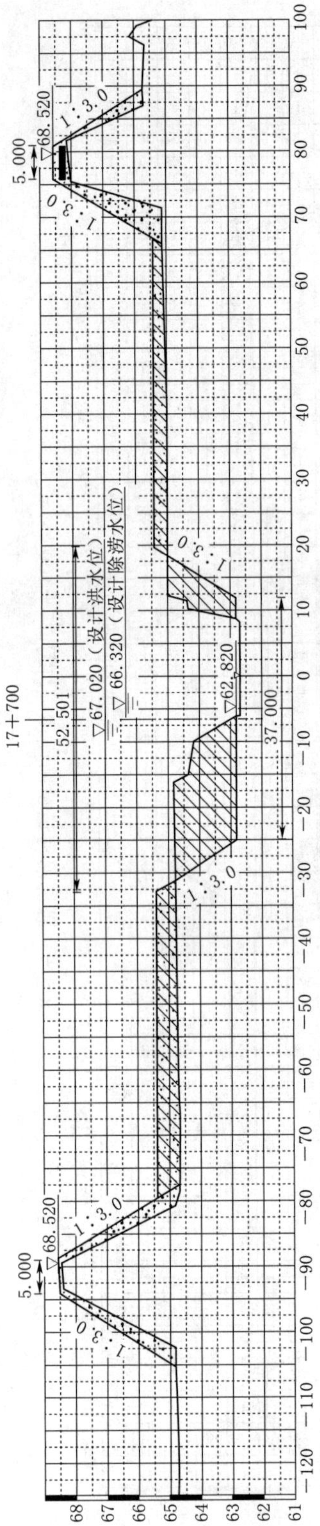

图 5.6　惠济河道横断面图（桩号 17+700 处）

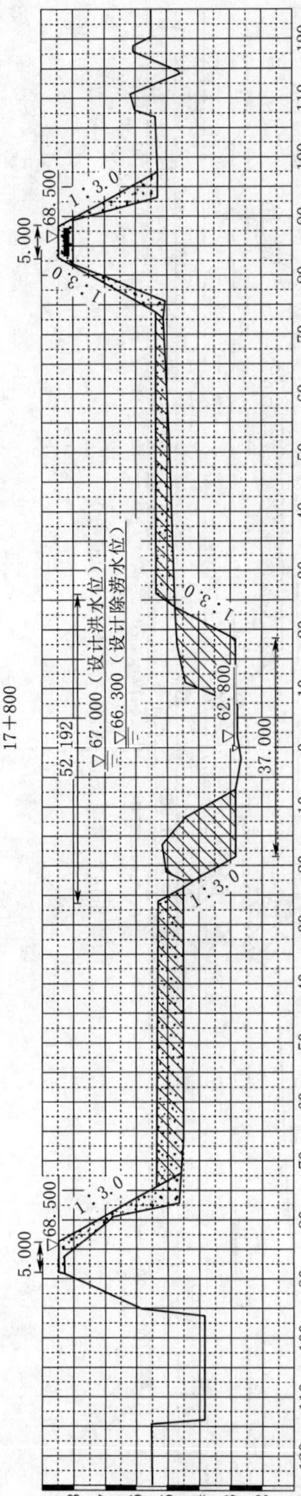

图5.7　惠济河道横断面图（桩号17+800处）

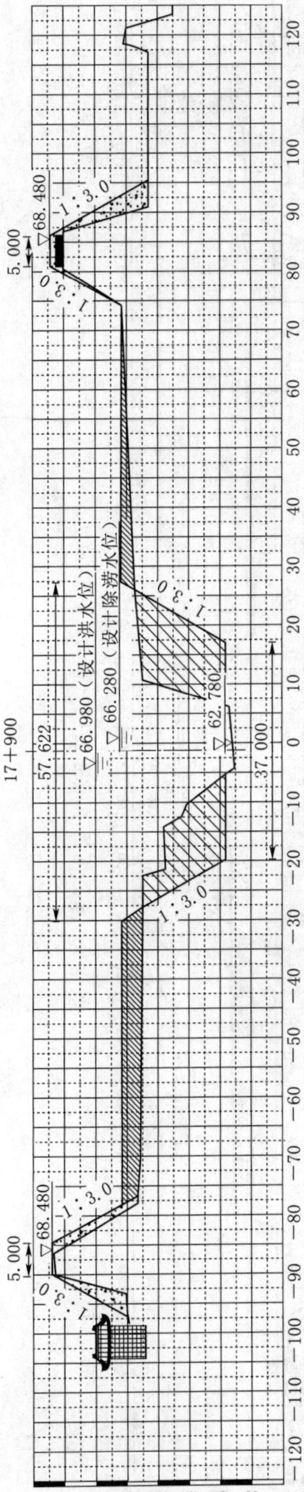

图5.8　惠济河道横断面图（桩号17+900处）

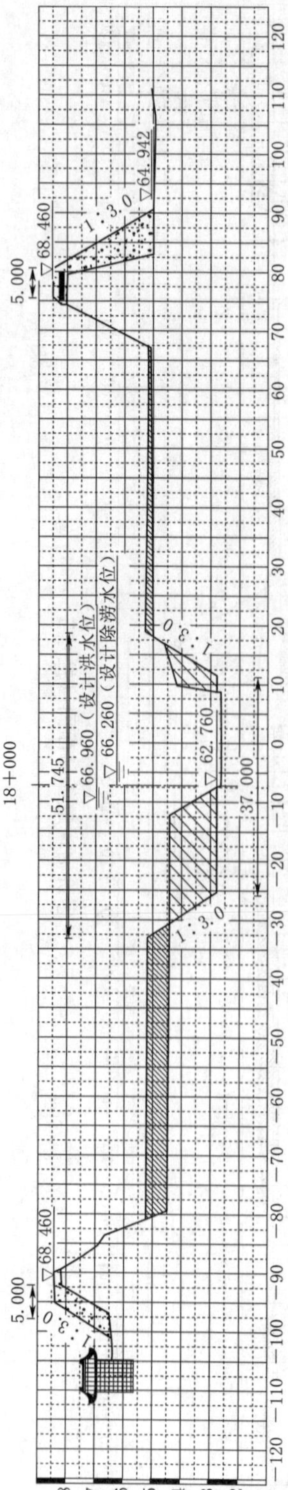

图 5.9　惠济河河道横断面图（桩号 18+000 处）

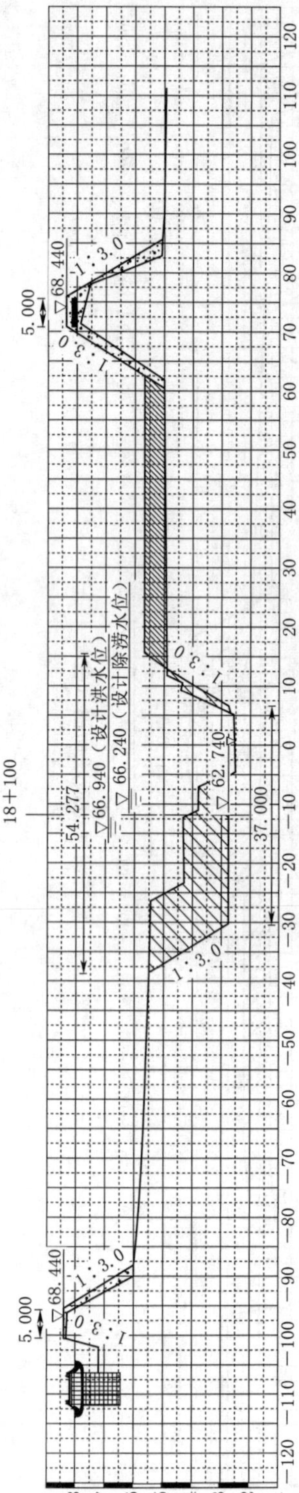

图 5.10 惠济河河道横断面图（桩号 18+100 处）

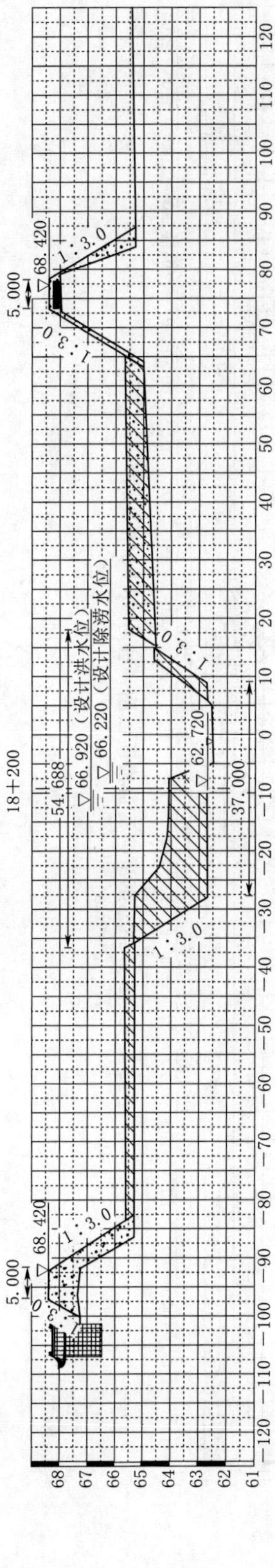

图 5.11　惠济河道横断面图（桩号 18+200 处）

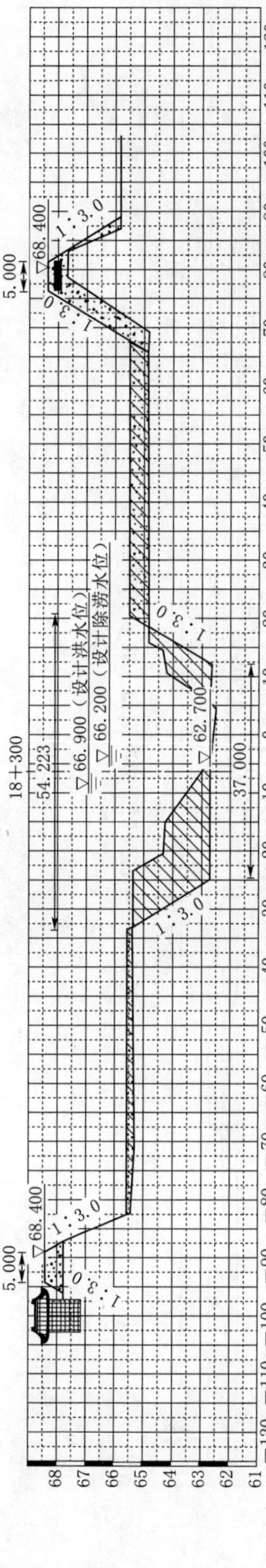

图 5.12　惠济河道横断面图（桩号 18+300 处）

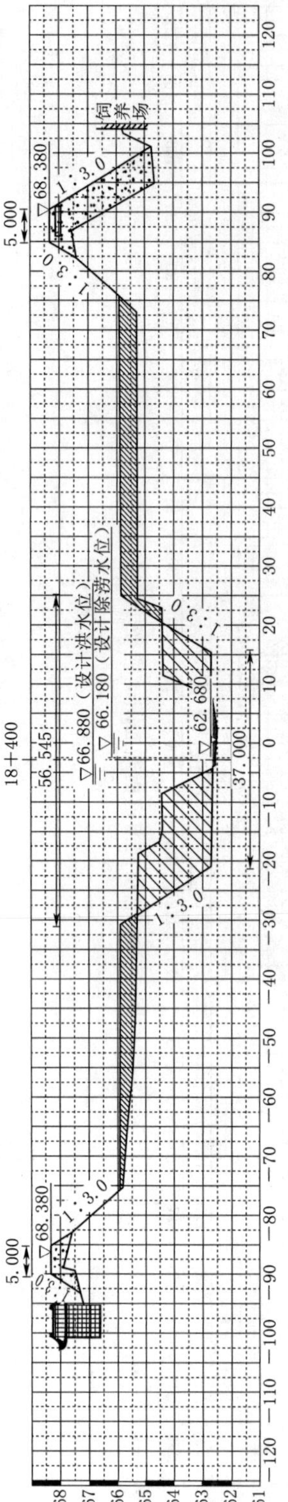

图 5.13　惠济河道横断面图（桩号 18+400 处）

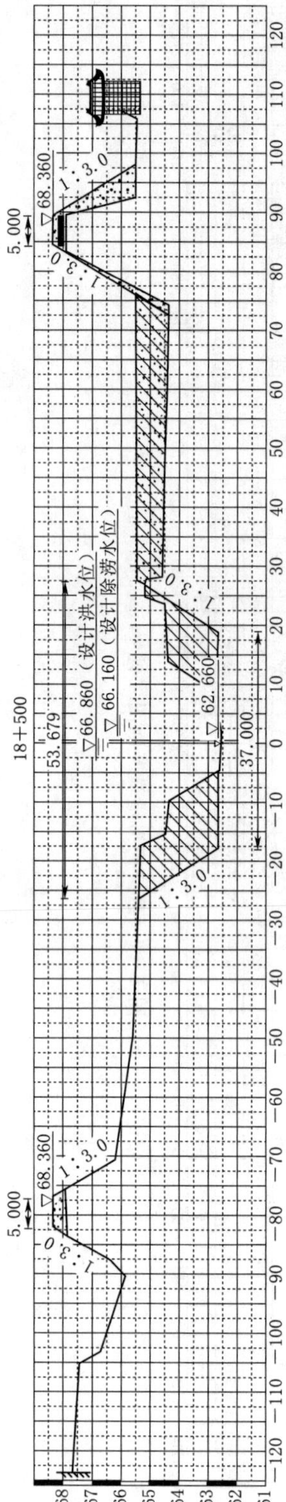

图 5.14　惠济河道横断面图（桩号 18+500 处）

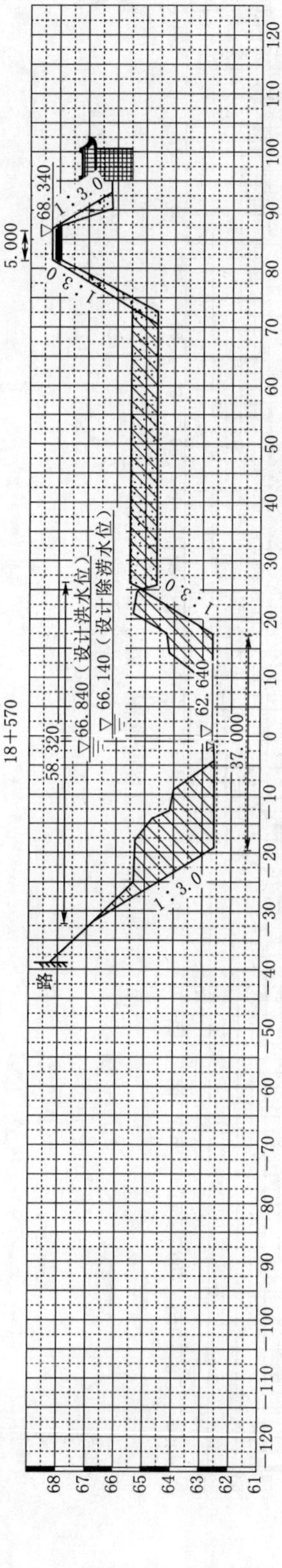

图 5.15　惠济河河道横断面图（桩号 18+570 处）

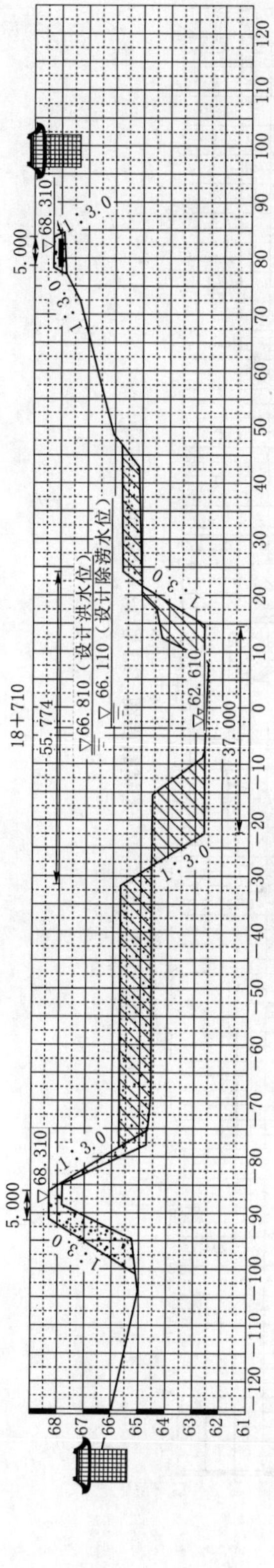

图 5.16　惠济河河道横断面图（桩号 18+710 处）

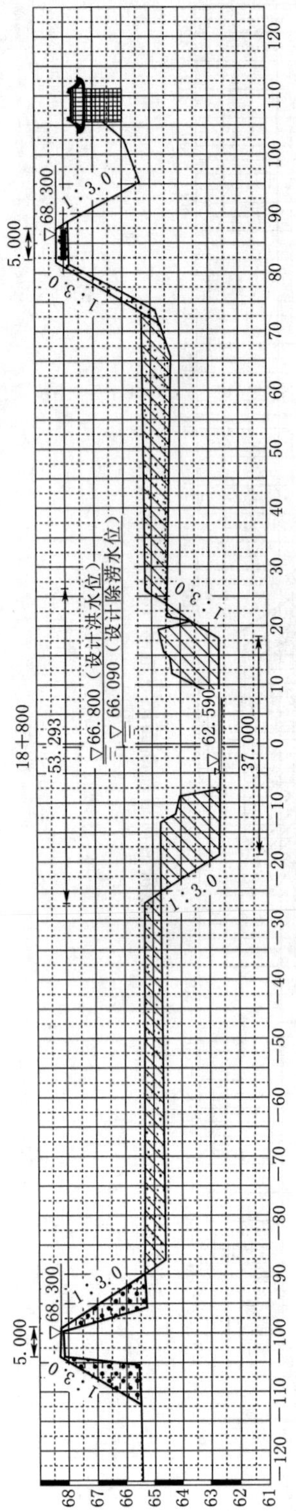

图 5.17　惠济河道横断面图（桩号 18+800 处）

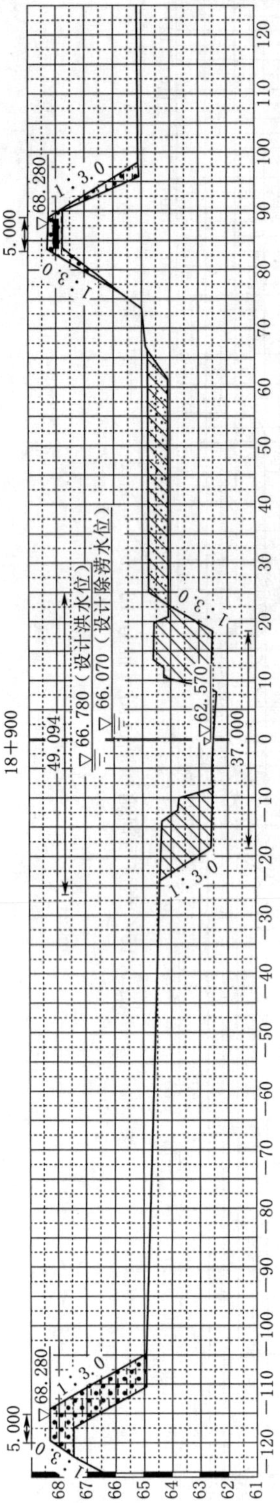

图 5.18　惠济河道横断面图（桩号 18+900 处）

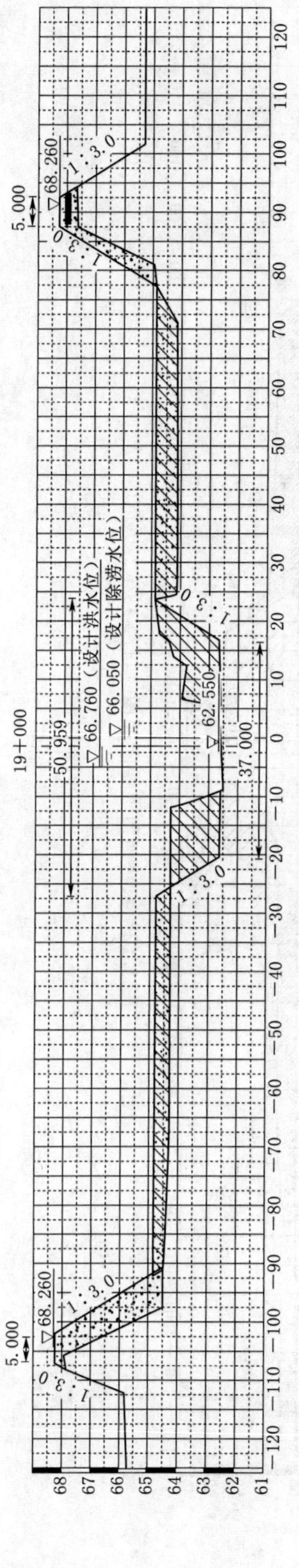

图 5.19　息济河河道横断面图（桩号 19+000 处）

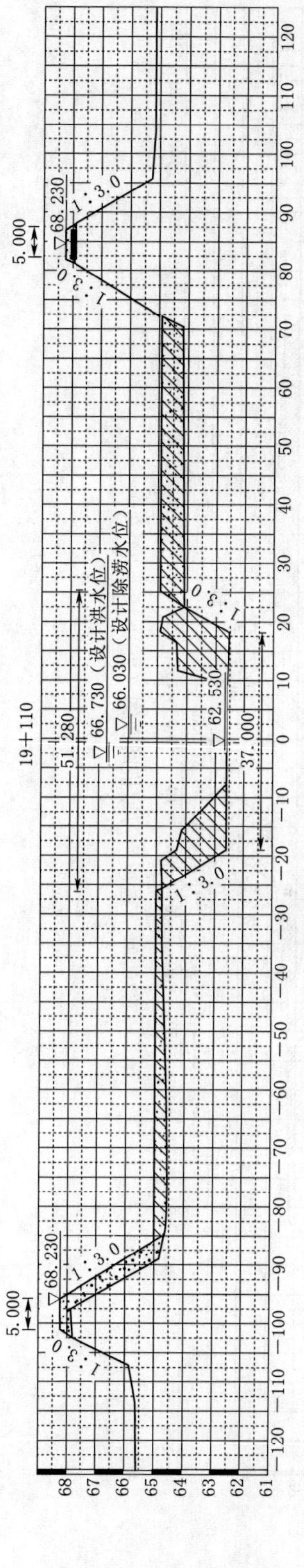

图 5.20　息济河河道横断面图（桩号 19+110 处）

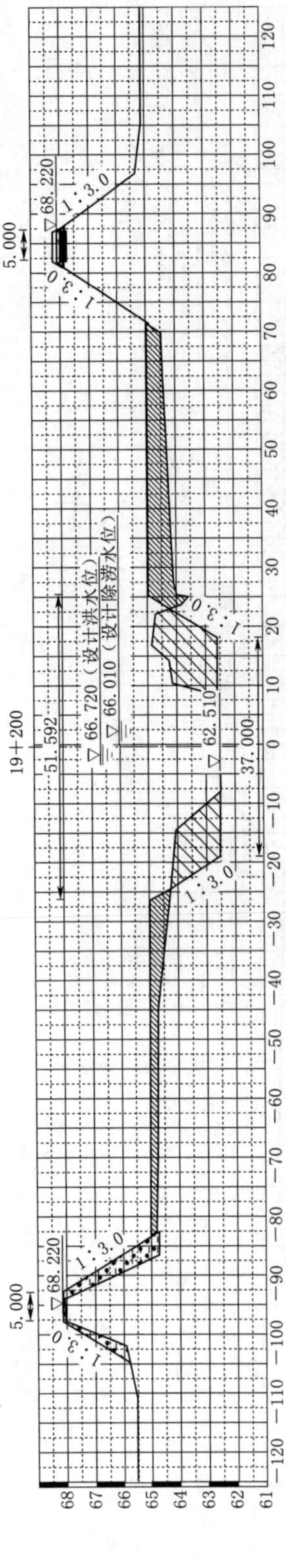

图 5.21　惠济河河道横断面图（桩号 19+200 处）

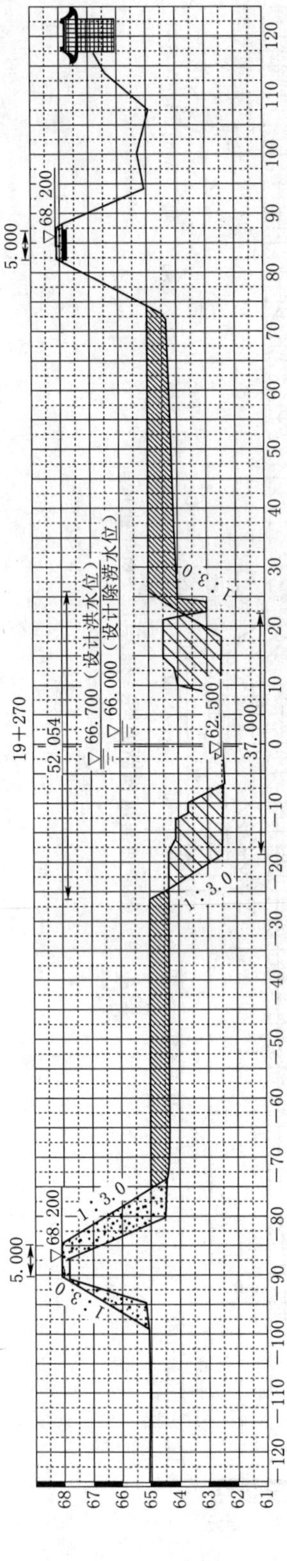

图 5.22　惠济河河道横断面图（桩号 19+270 处）

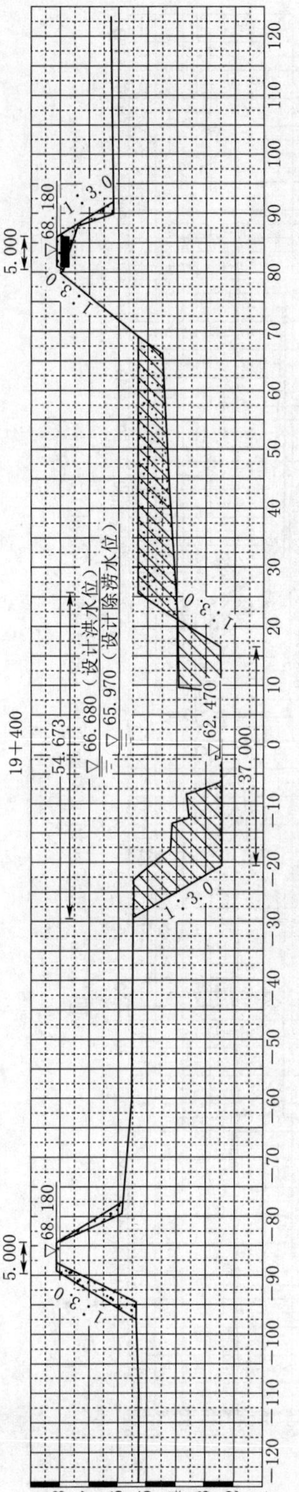

图 5.23　惠济河河道横断面图（桩号 19+400 处）

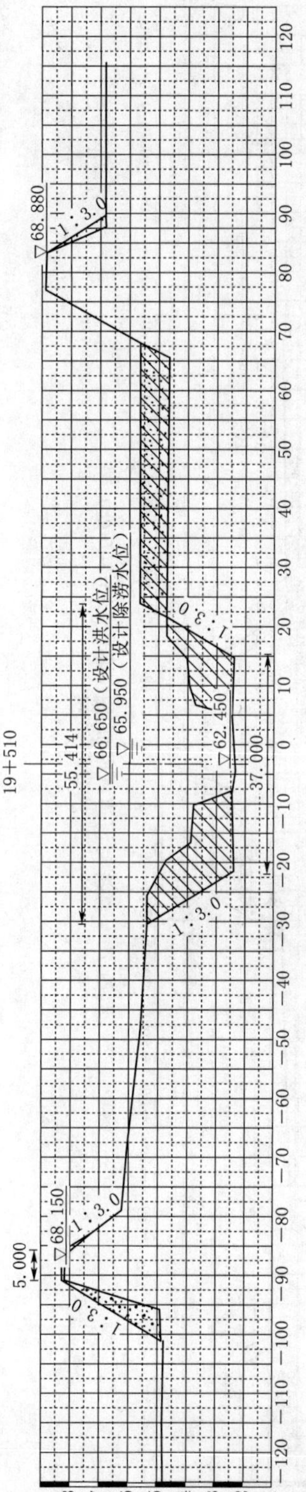

图 5.24　惠济河河道横断面图（桩号 19+510 处）

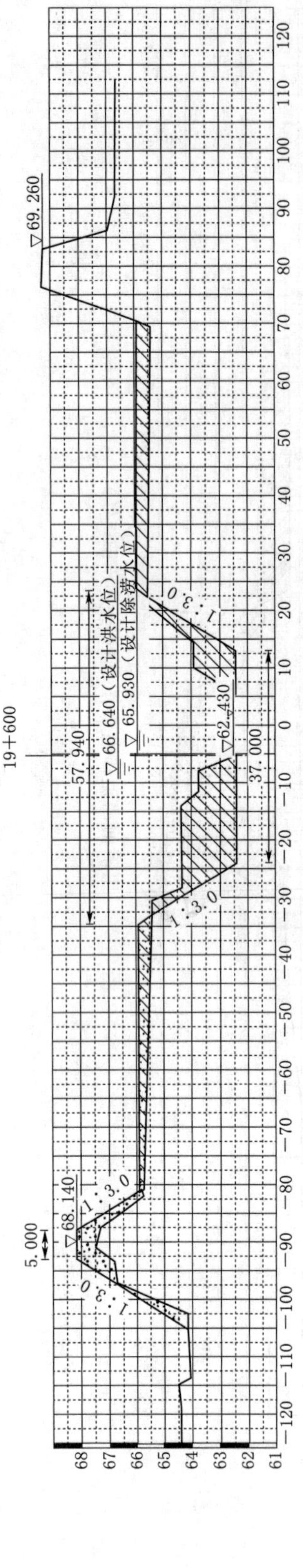

图 5.25　惠济河河道横断面图（桩号 19+600 处）

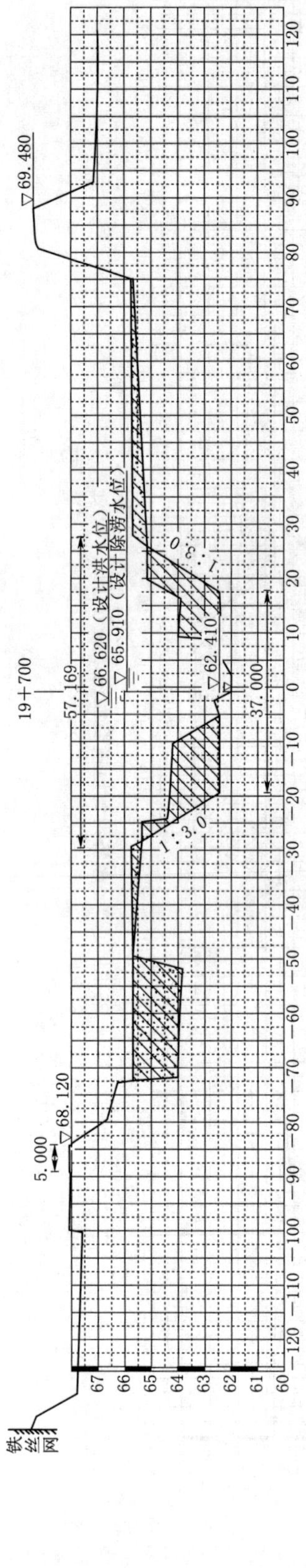

图 5.26　惠济河河道横断面图（桩号 19+700 处）

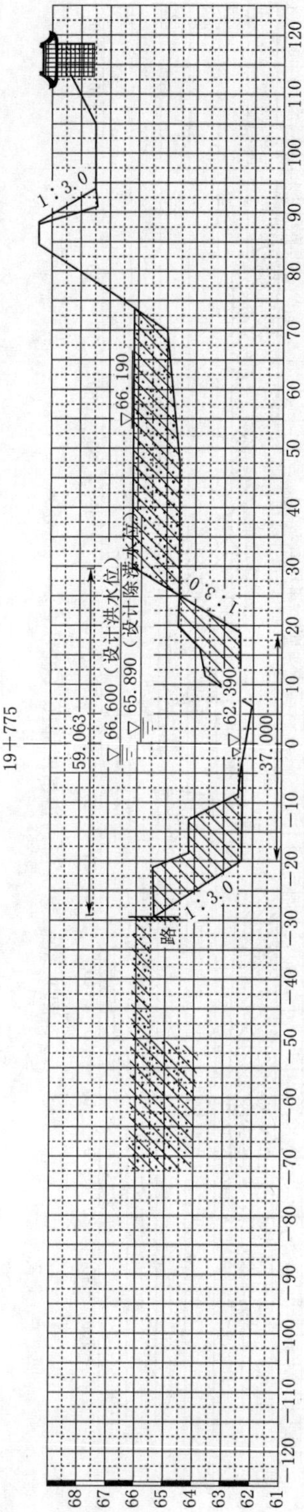

图 5.27　惠济河道横断面图（桩号 19+775 处）

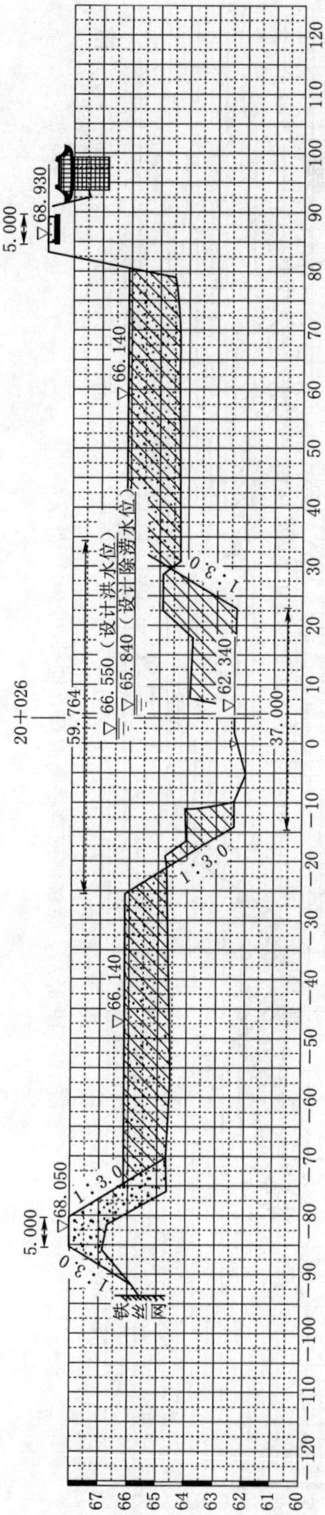

图 5.28　惠济河道横断面图（桩号 20+026 处上）

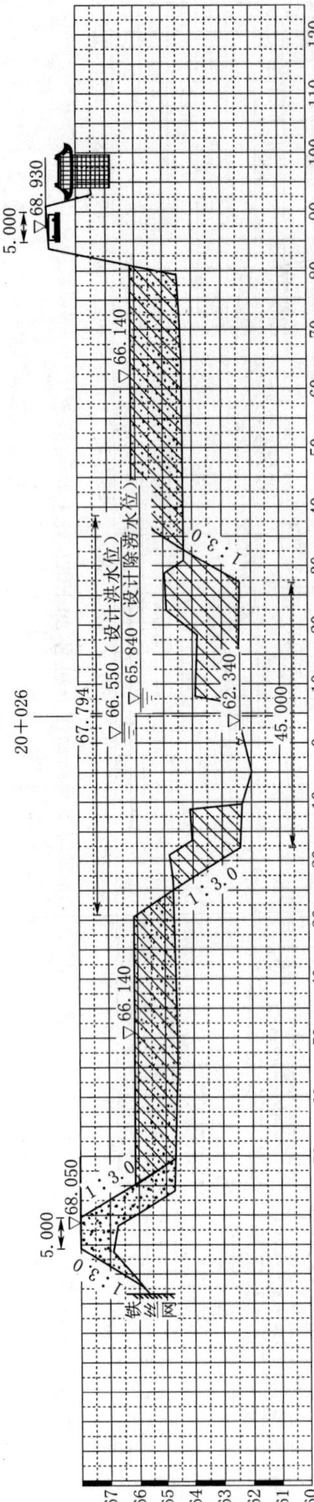

图 5.29 惠济河河道横断面图（桩号 20+026 处下）

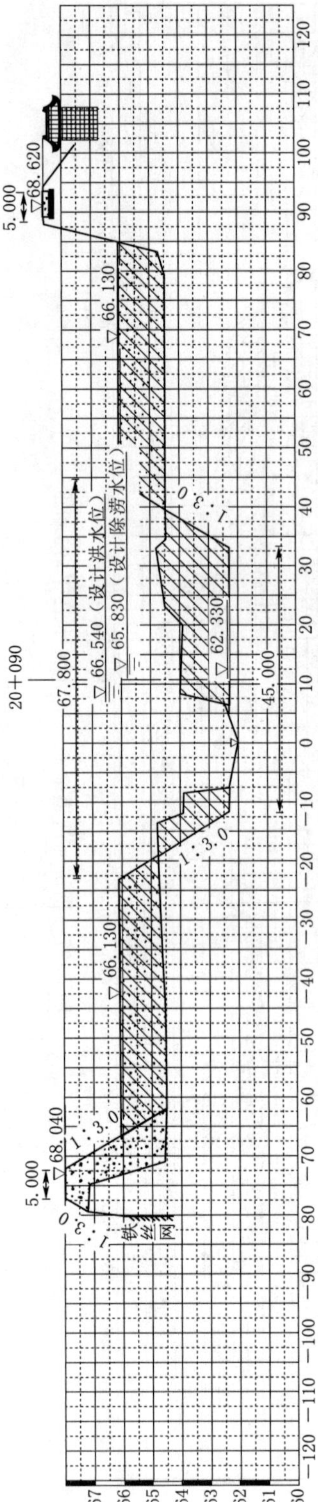

图 5.30 惠济河河道横断面图（桩号 20+090 处）

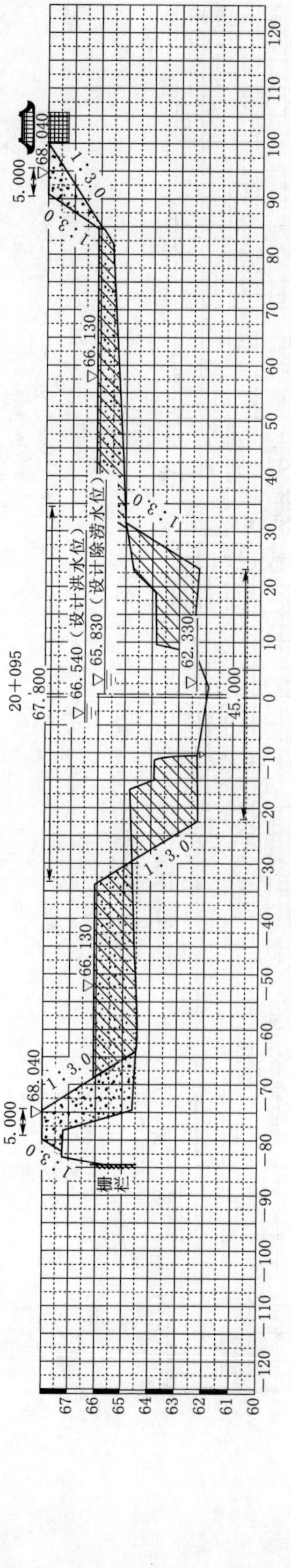

图 5.31　惠济河河道横断面图（桩号 20+095 处）

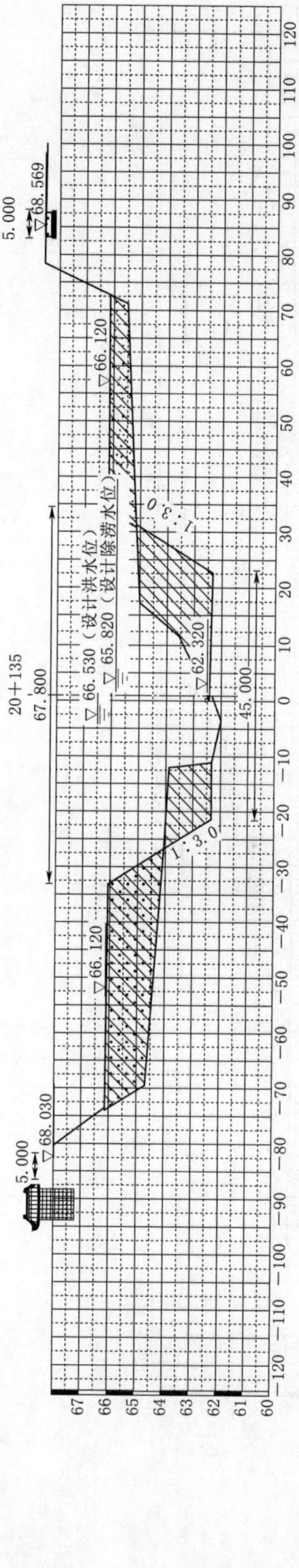

图 5.32　惠济河河道横断面图（桩号 20+135 处）

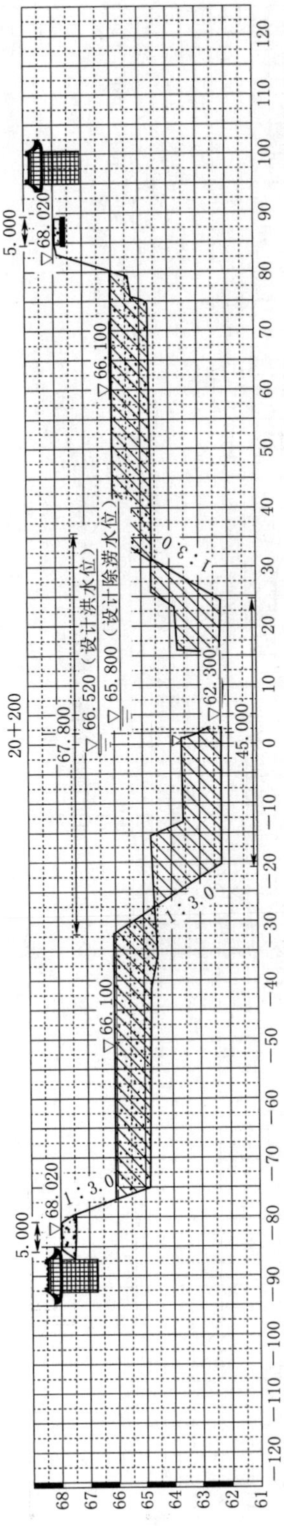

图 5.33　惠济河河道横断面图（桩号 20+200 处）

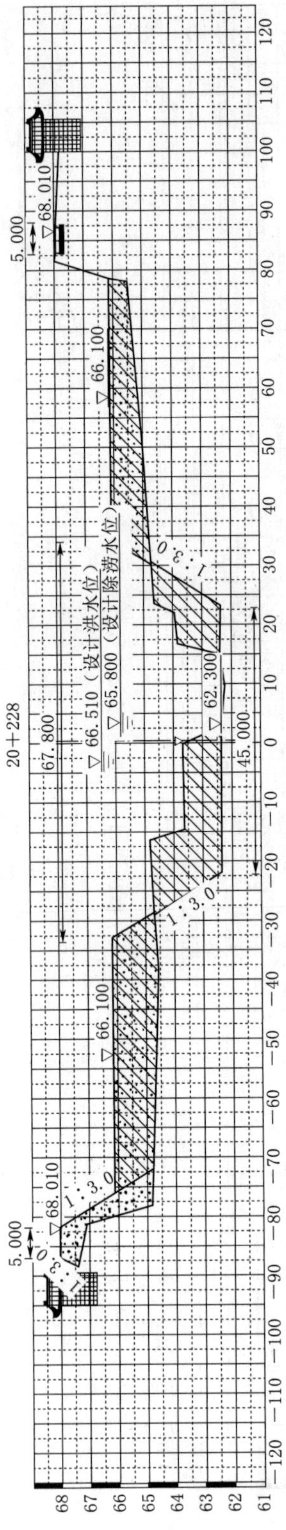

图 5.34　惠济河河道横断面图（桩号 20+228 处）

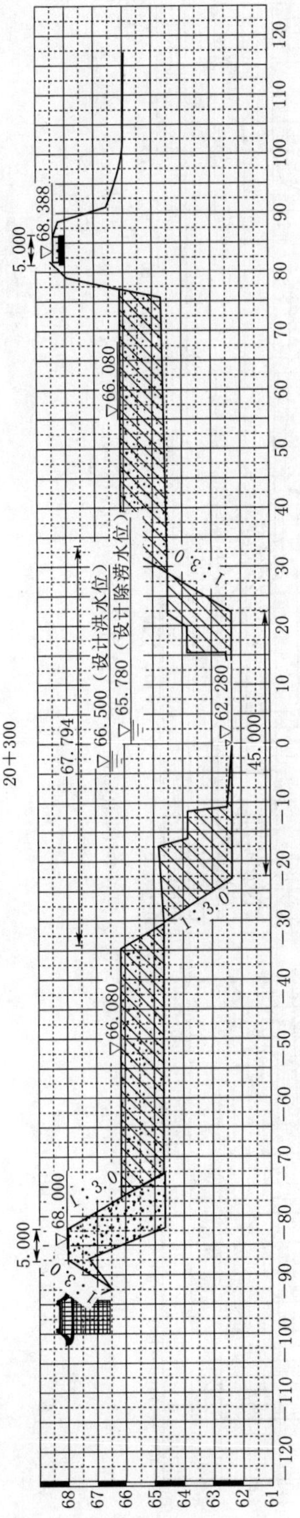

图 5.35　惠济河道横断面图（桩号 20+300 处）

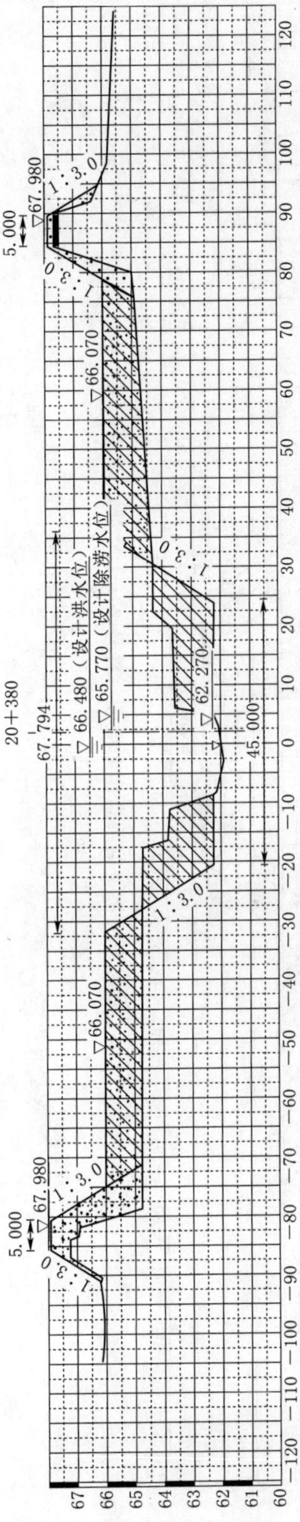

图 5.36　惠济河道横断面图（桩号 20+380 处）

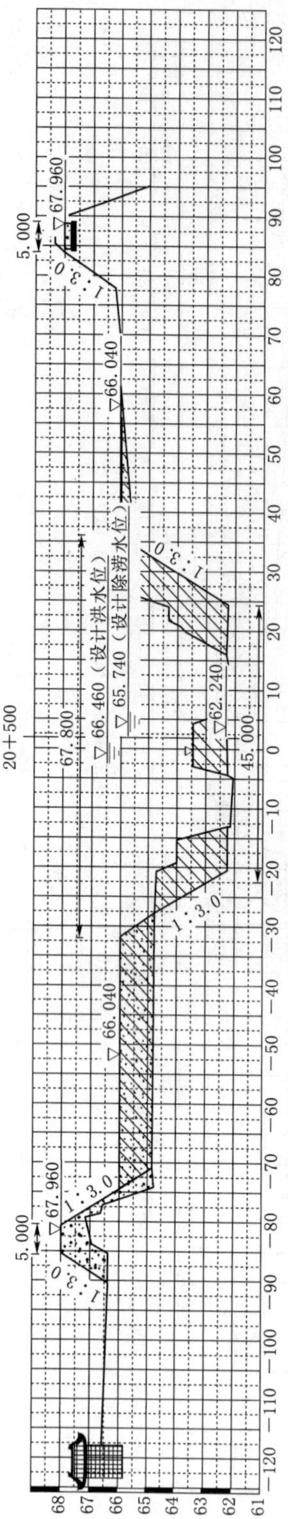

图 5.37　惠济河道横断面图（桩号 20+500 处）

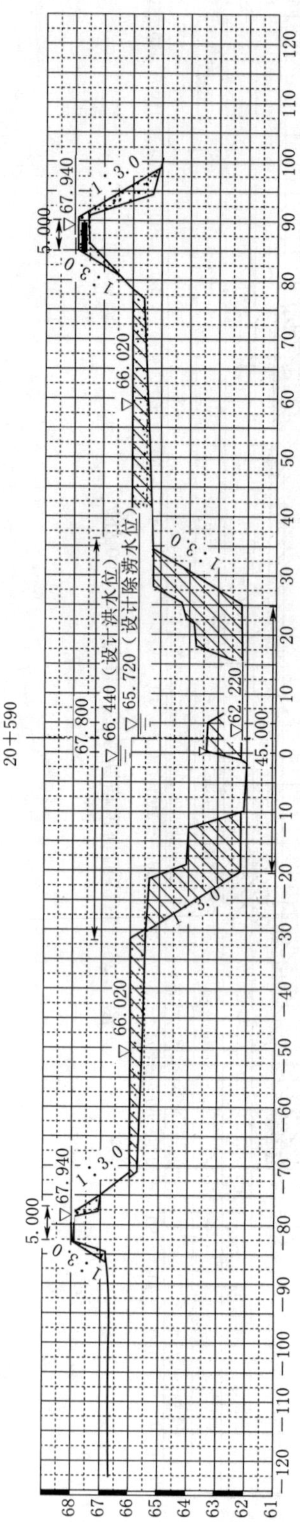

图 5.38　惠济河道横断面图（桩号 20+590 处）

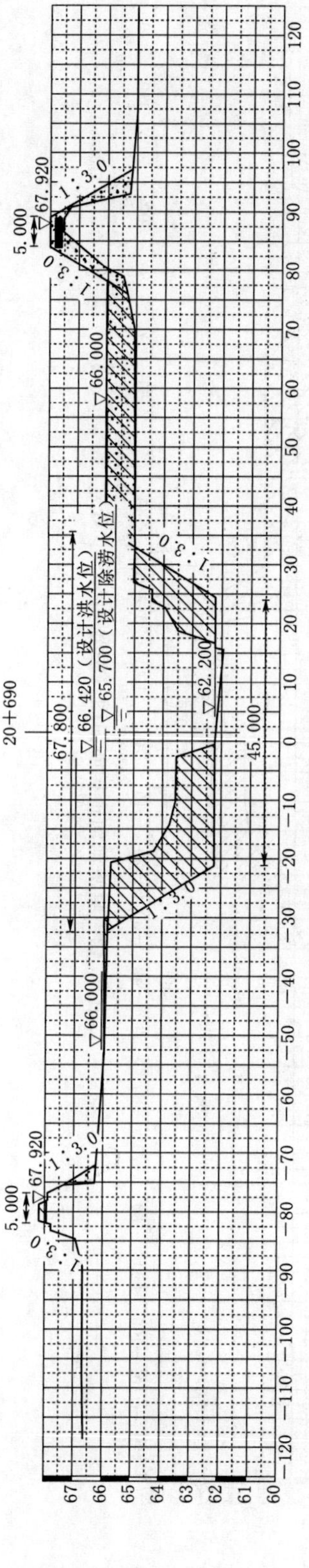

图 5.39　惠济河道横断面图（桩号 20+690 处）

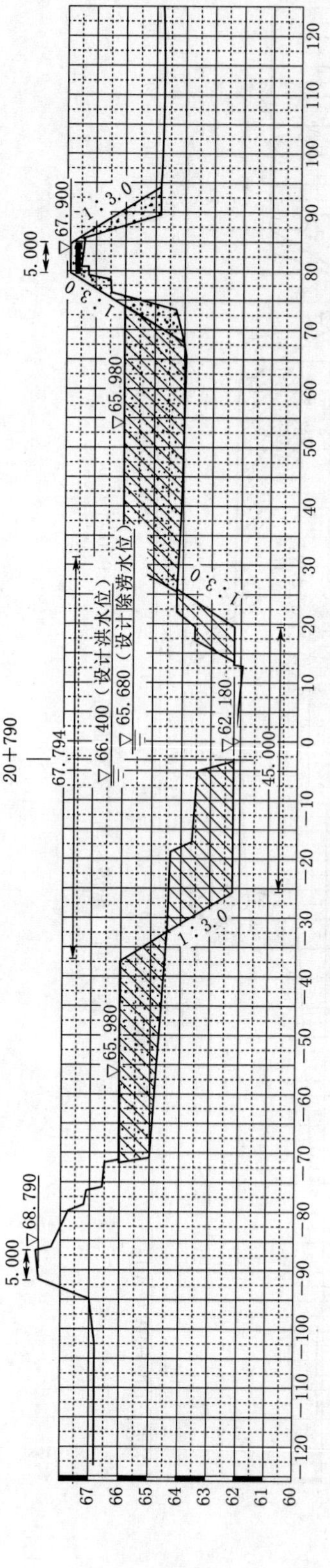

图 5.40　惠济河道横断面图（桩号 20+790 处）

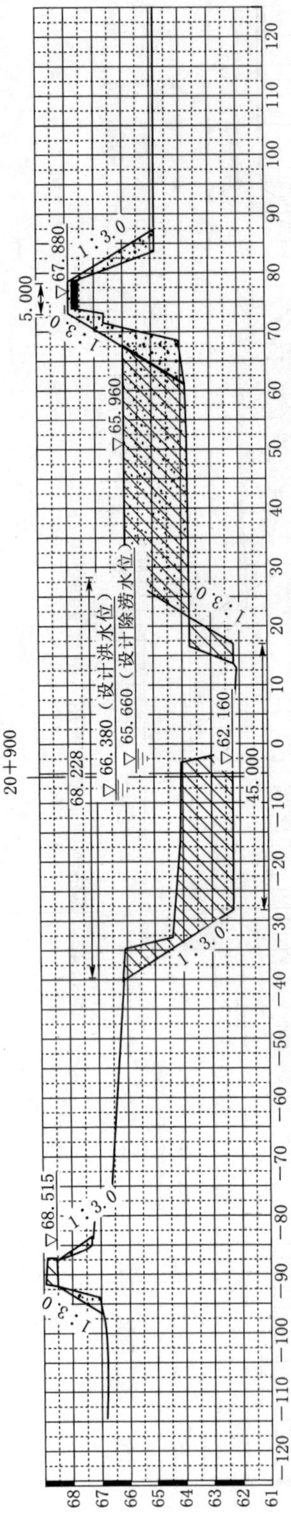

图 5.41　惠济河河道横断面图（桩号 20+900 处）

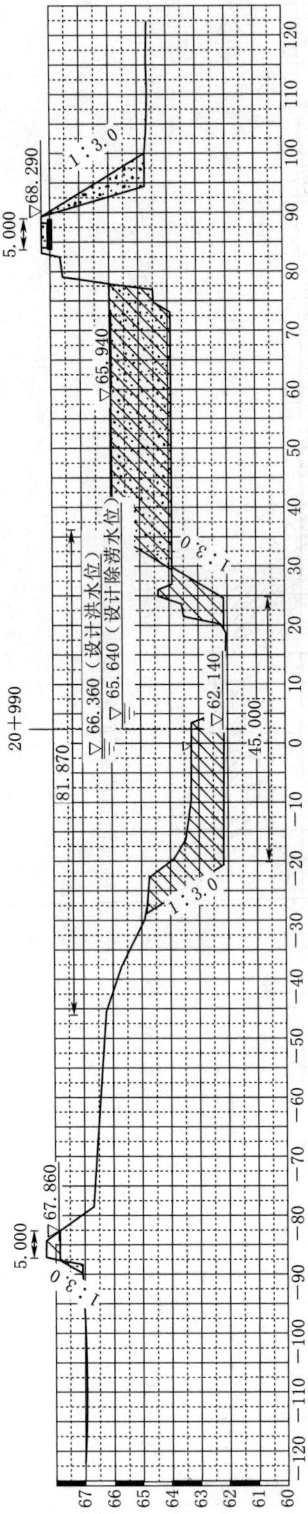

图 5.42　惠济河河道横断面图（桩号 20+990 处）

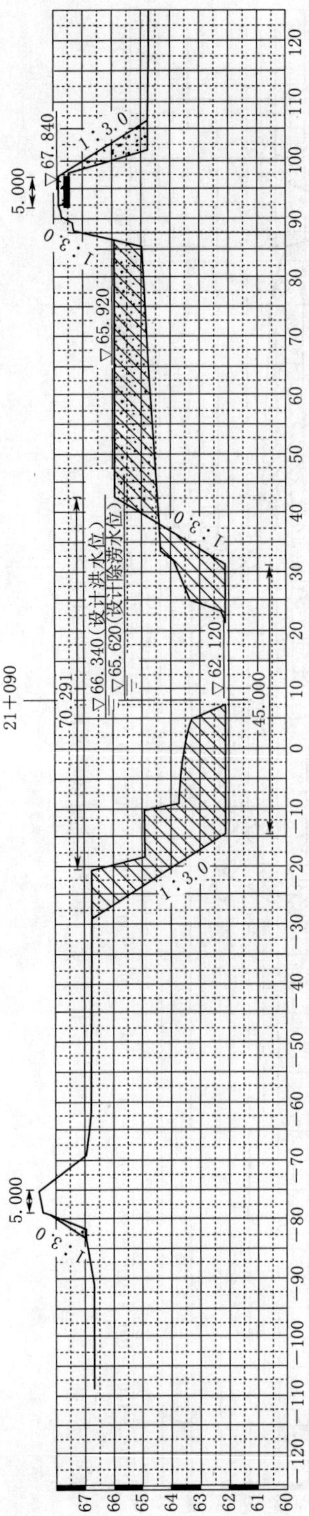

图 5.43　惠济河河道横断面图（桩号 21+090 处）

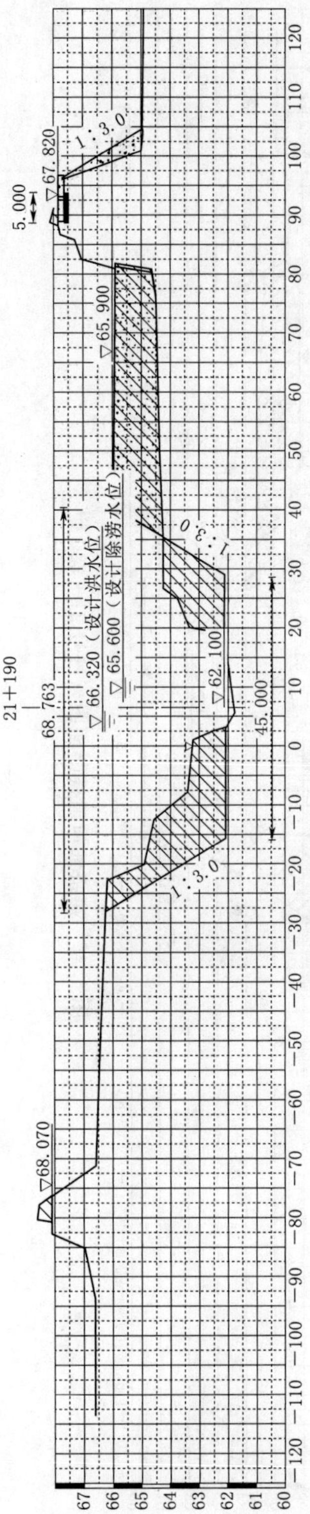

图 5.44　惠济河河道横断面图（桩号 21+190 处）

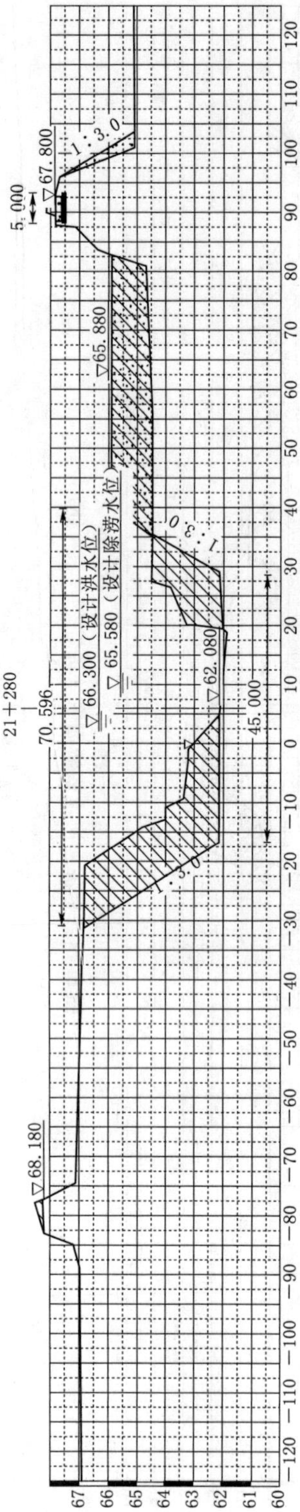

图 5.45 惠济河道横断面图（桩号 21+280 处）

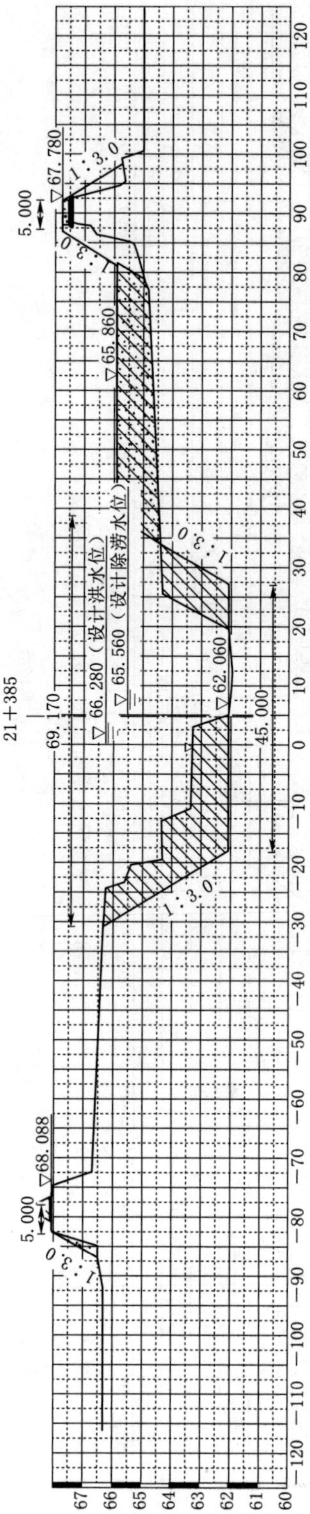

图 5.46 惠济河道横断面图（桩号 21+385 处）

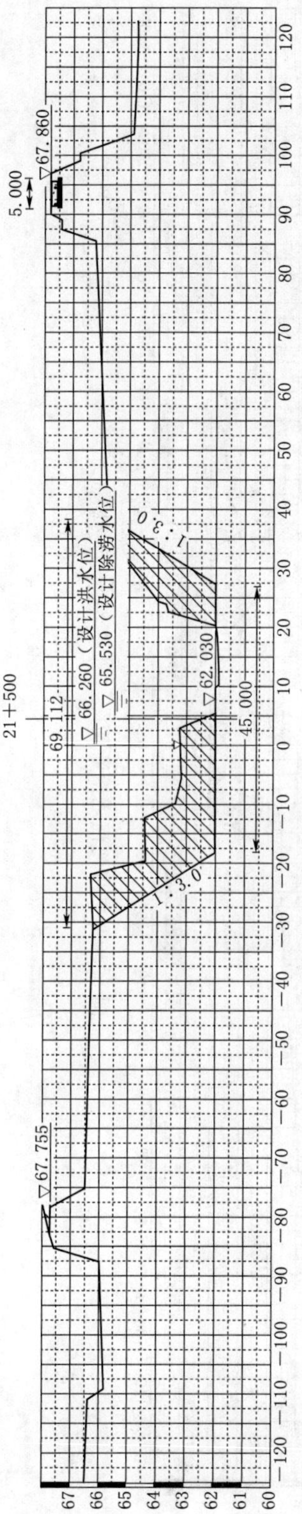

图5.47　惠济河道横断面图（桩号21+500处）

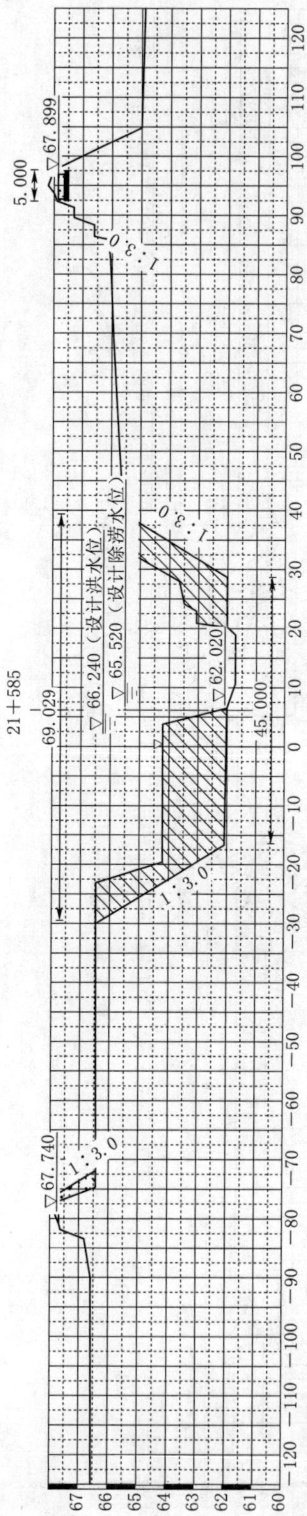

图5.48　惠济河道横断面图（桩号21+585处）

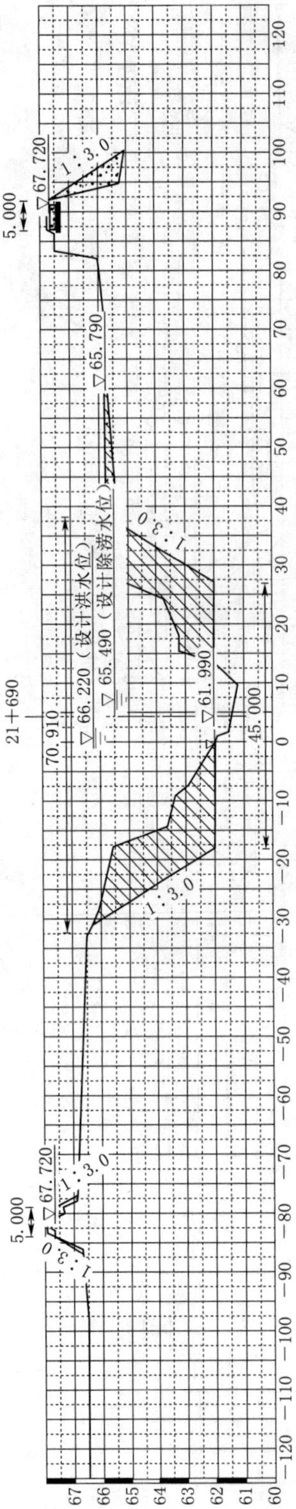

图 5.49　惠济河河道横断面图（桩号 21+690 处）

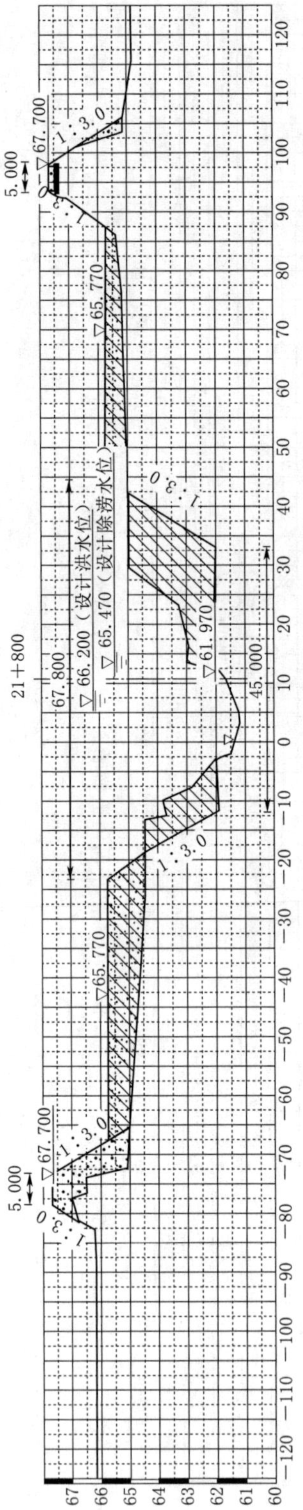

图 5.50　惠济河河道横断面图（桩号 21+800 处）

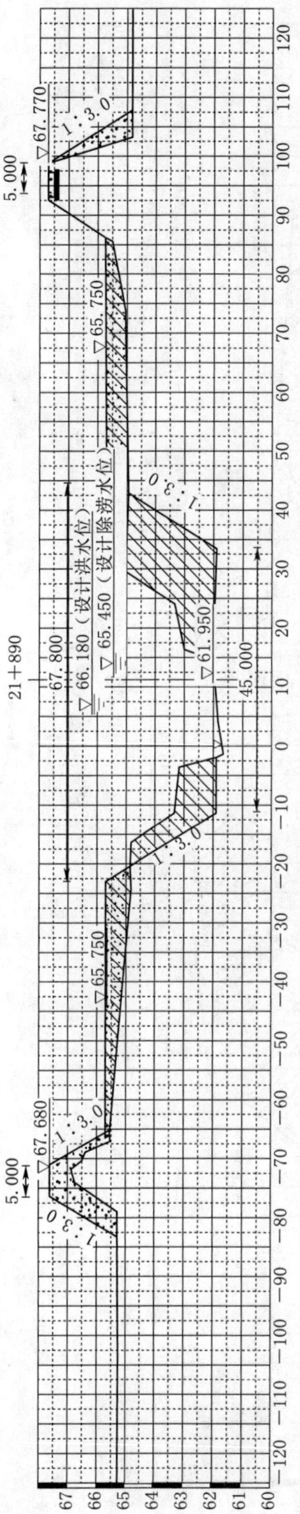

图 5.51　惠济河河道横断面图（桩号 21＋890 处）

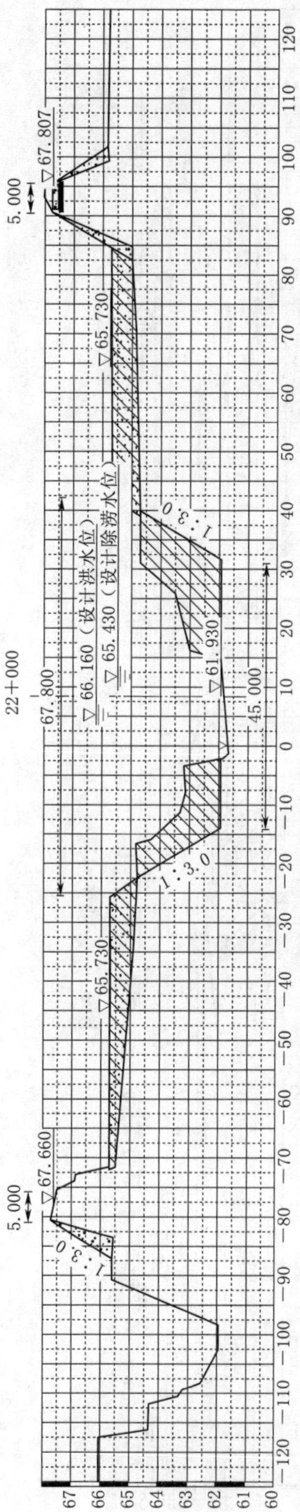

图 5.52　惠济河河道横断面图（桩号 22＋000 处）

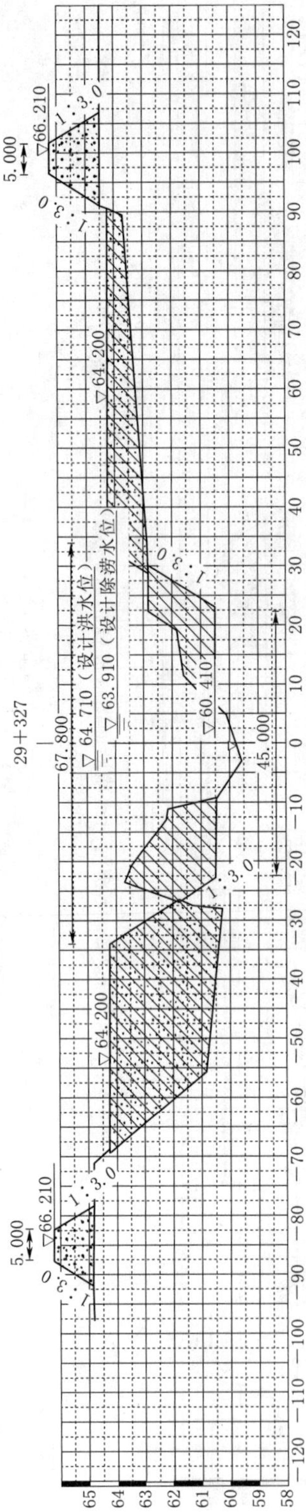

图 5.53　惠济河河道横断面图（桩号 29+327 处上）

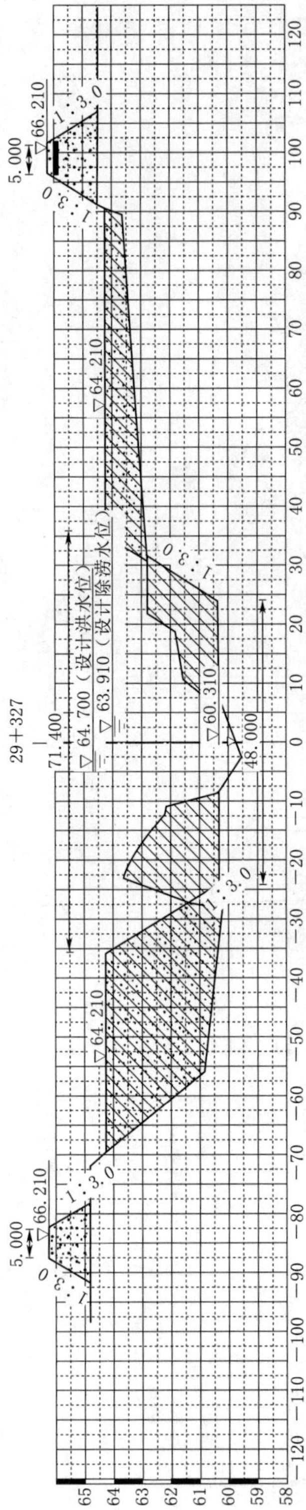

图 5.54　惠济河河道横断面图（桩号 29+327 处下）

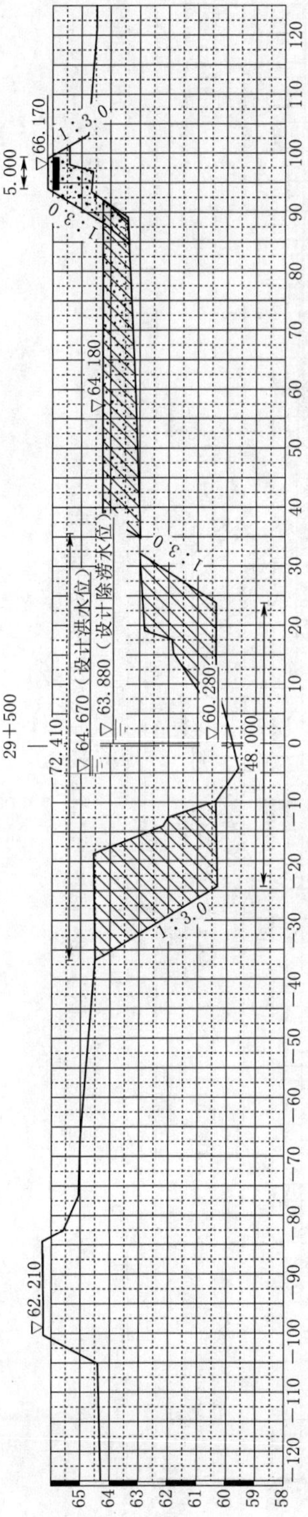

图 5.55　惠济河河道横断面图（桩号 29+500 处）

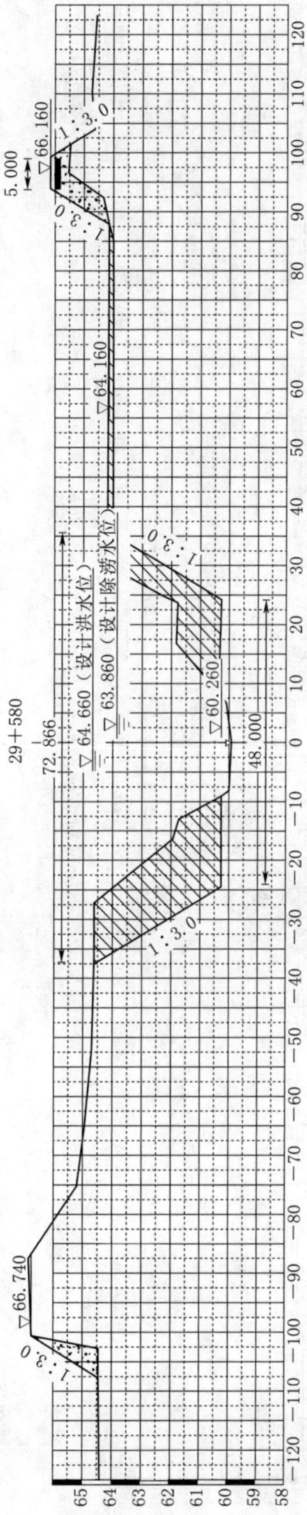

图 5.56　惠济河河道横断面图（桩号 29+580 处）

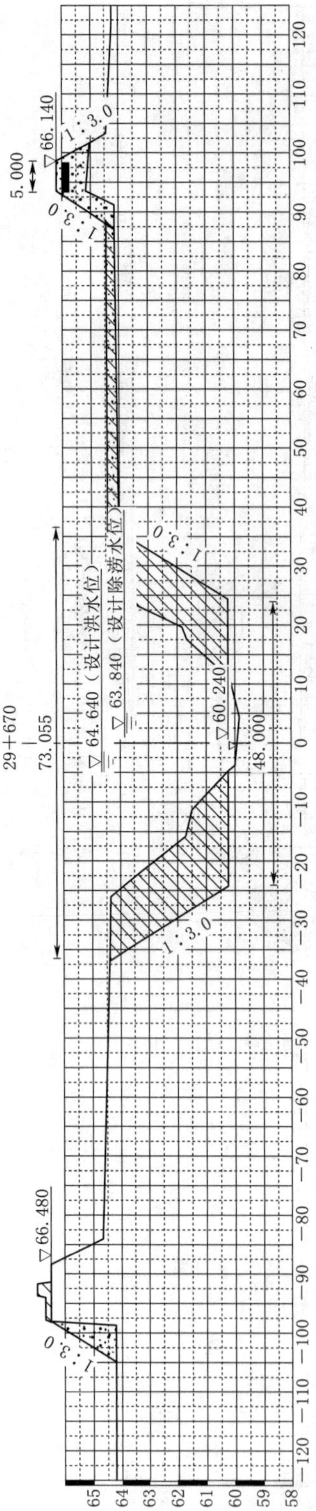

图 5.57　惠济河河道横断面图（桩号 29＋670 处）

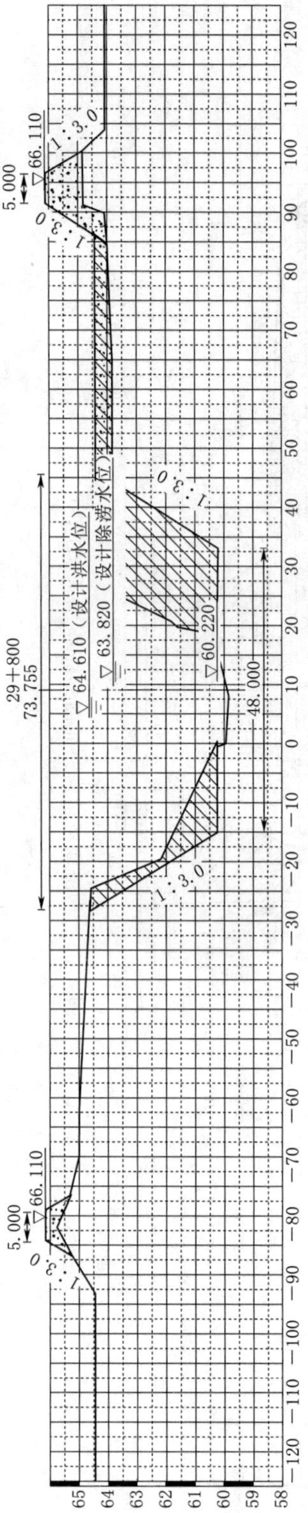

图 5.58　惠济河河道横断面图（桩号 29＋800 处）

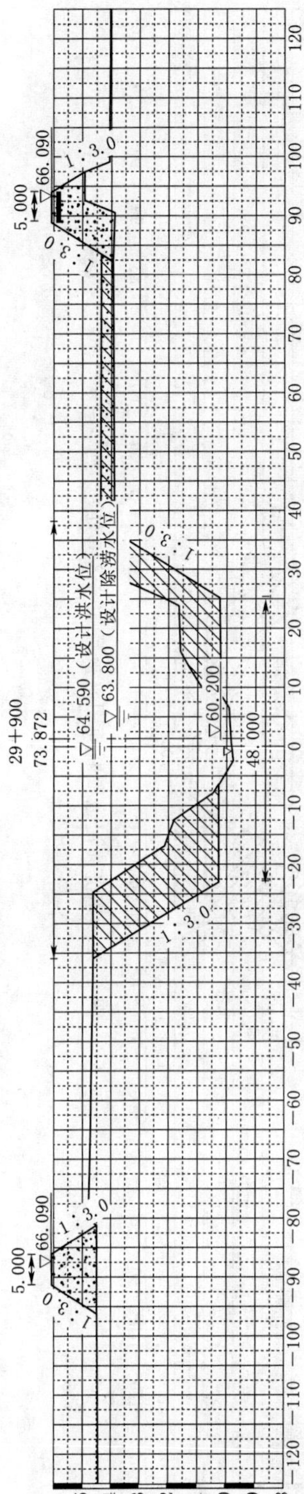

图 5.59　惠济河河道横断面图（桩号 29+900 处）

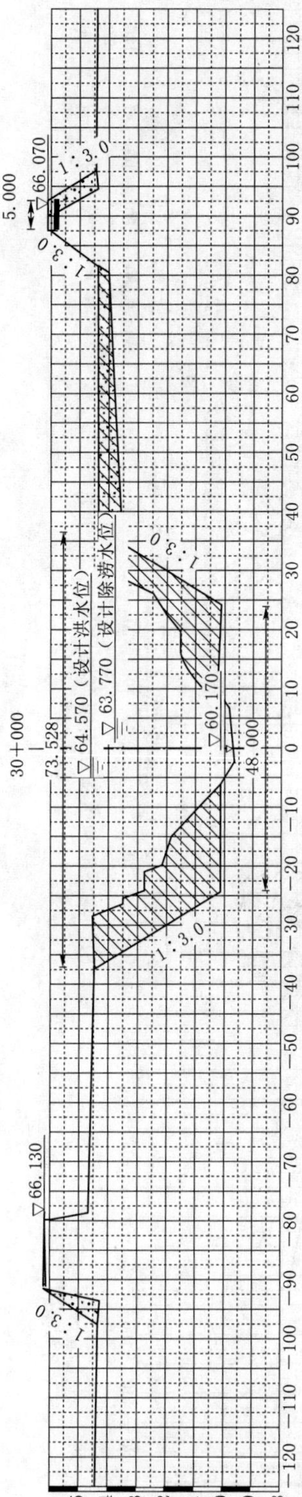

图 5.60　惠济河河道横断面图（桩号 30+000 处）

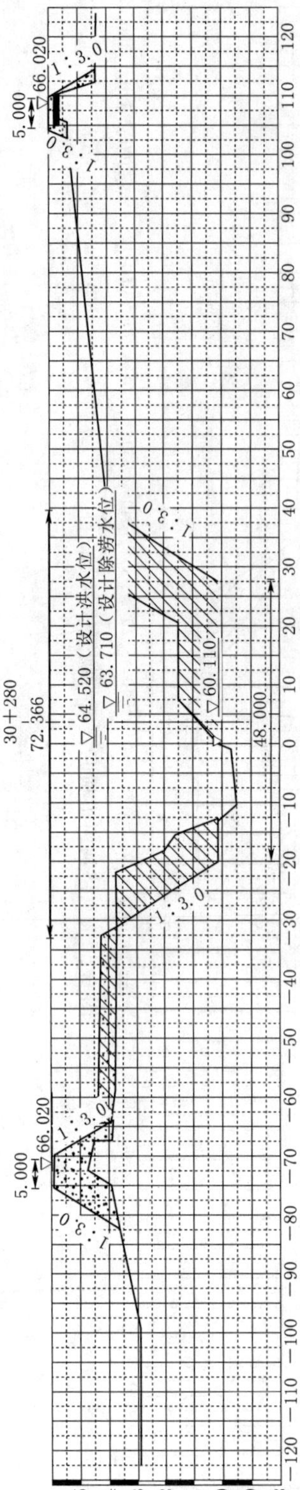

图 5.61　惠济河河道横断面图（桩号 30＋280 处）

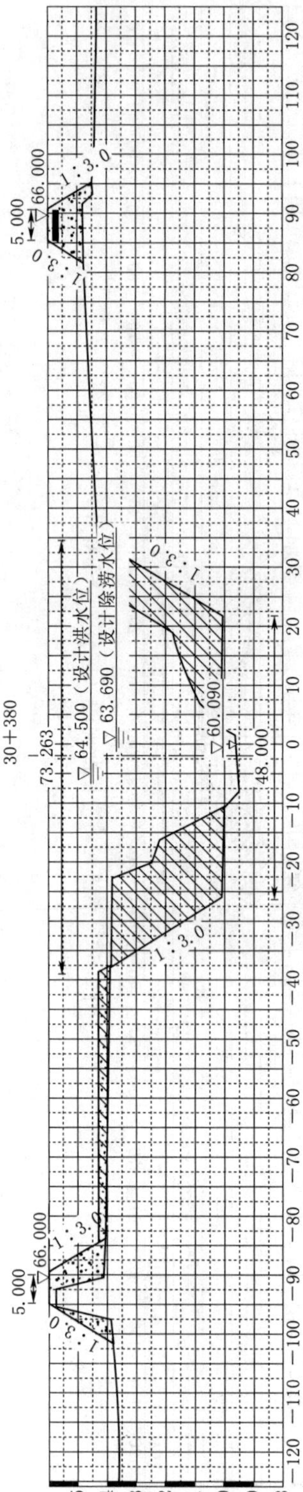

图 5.62　惠济河河道横断面图（桩号 30＋380 处）

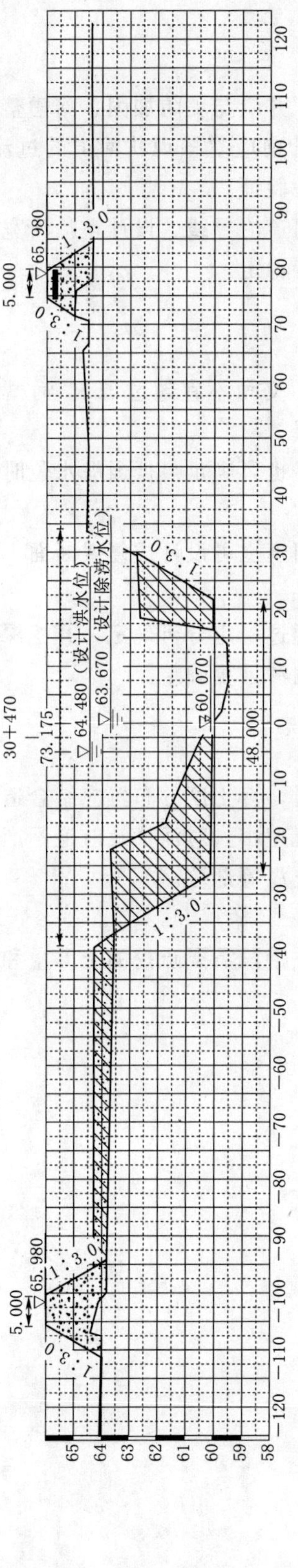

图 5.63　惠济河道横断面图（桩号 30+470 处）

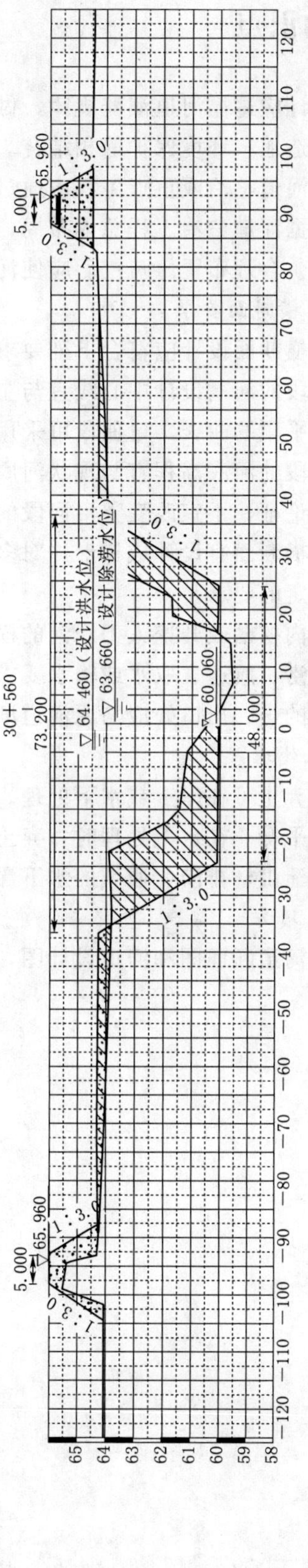

图 5.64　惠济河道横断面图（桩号 30+560 处）

5.3　相关知识点

疏挖工程设计应遵循河道演变规律，做到因势利导，并应与堤防加固、河槽整治、通航、输水、吹填造地、环境保护等相结合。疏挖工程设计前应复核现状河道的过流能力。技术条件复杂的河道整治或重点工程应通过河工模型试验验证。

疏挖区应根据河道整治工程总体布局，结合规划的河道治导线、设计整治河宽、堤距和堤线统筹安排、合理布置。疏挖后应使河槽与河岸保持稳定。

1. 河道纵、横断面要求

疏挖的纵、横断面设计应符合下列要求：

（1）疏挖河段的河槽设计中心线宜与主流方向一致，交角不宜超过 15°。河槽开挖中心线应为光滑、平顺的曲线，弯曲段可采用复合圆弧曲线。

（2）疏挖河段的河底高程宜与现状河底高程相接近，也可满足最低通航水位时的通航要求。未经充分论证，不宜改变整治河段的河道比降。

（3）疏挖的横断面宜设计成梯形，对多功能利用的河道也可设计成复式断面。疏挖断面应符合边坡稳定的要求。

（4）在河道内挖槽或开挖人工新河的横断面边坡应通过稳定分析确定，开挖深度和底宽应按泄洪、排涝、航运、取水或输水要求通过水力和输沙计算确定。

（5）疏挖段的进、出口处应与原河道渐变连接。

2. 疏挖弃土处理

疏挖河道的弃土可在岸上或水下处理。在岸上处理时，弃土区的布置应结合造地等综合利用进行挖填平衡。在水下处理时，弃土区应选择在流速小，对河槽及航道不产生明显淤积，且不影响泄洪、排涝、通航的水下深潭或废弃的支汊等部位。

3. 计算挖、填方

根据实测的河道断面图和河道设计图，计算出河道整治段需要疏挖的土方量和需要填方的土方量。

工作任务6　生 物 工 程 设 计

我国大多数河流对国民经济和社会发展所起的作用是多方面的，人们开发、利用河流的目标也不是单一的。一条河流的干支流、上下游、左右岸的关系是相互联系、相互影响的。因此，河道整治设计不仅应兼顾干支流、上下游、左右岸的利益，还要协调防洪、排涝、灌溉、供水、航运、水力发电、文化景观和生态环境保护等方面的关系。

相关知识点

堤防工程设计除了应满足稳定渗流、变形等直接涉及工程安全的基本要求外，还应在堤防工程的防渗、护坡、堤防高度及结构型式等方面考虑生态、环境、景观等方面的问题。保护河道整治工程安全和生态与环境的生物工程，可采用防浪林、护堤林、草皮护坡等。

1. 防浪林

防浪林宜采用乔木、灌木、草本植物相结合的立体生物防浪工程。防浪林设计应符合下列要求：

（1）防浪林的种植宽度、排数、株行距等应根据消浪防冲要求和不影响安全行洪的原则确定。必要时可采用相似条件下的防浪林观测实验成果，并应类比分析确定。

（2）防浪林苗木宜选择耐淹性好、材质柔韧、树冠发育、生长速度快的杨柳科或其他适合当地生长的树种。

2. 护堤林

护堤林的种植宽度、植株密度和树种，应根据堤防背河侧护堤地的范围、土壤、气候条件、木材材质和种植效益，以及防治风沙、涵养水土的环境因素确定。

3. 草皮护坡

对常遭遇暴雨、洪水、风沙、冰凌、海潮、波浪等侵蚀破坏的土堤，除应种植防浪林和护堤林外，还应种植草皮进行护坡。护坡用的草皮宜选用适宜于当地土壤和气候条件、耐干旱、耐盐碱、耐潮湿、根系发育、生命力强的草种。水流冲刷或风浪作用强烈的堤段，迎水坡面可采用消浪防冲作用强的防护措施。

工作任务7 安全监测设计

相关知识点

河道整治设计应根据工程重要性、水文、气象、地质和管理运用要求，设置必要的安全监测设施，对水位、河势、险情、运行等进行安全监测。监测设施的设置应符合有效、可靠、牢固、方便及经济合理的原则。

1. 监测项目

河道整治工程应根据河流具体情况选取下列监测项目进行监测：

（1）水位观测。重要的防护、控导工程应设置水尺，并应进行水位观测。

（2）水流要素及河势观测。应观测工程所在河段主流方向、水面宽度、主流顶冲位置和范围、回流等水流现象，并应观测已建工程及上下游滩岸的平面变化与横断面变化。

（3）工程运行观测。应观测工程的沉降、位移、渗流、崩塌、根石走失、工程结构与材料损坏情况。

2. 监测设计要求

（1）监测设计应符合下列要求：

1）选定的观测项目和布设的观测点应反映工程运行的主要工作状况。

2）观测的断面和部位应选择在有代表性的区段，并应做到一种设施多种用途。

3）在特殊河段或地形、地质条件复杂的河段，可根据需要增加观测项目和观测范围。

4）应选择技术成熟、使用方便的观测仪器和设备。

5）各观测点应具备较好的交通、照明等条件，观测部位应有相应的安全保护措施。

6）规模较大的河道整治工程，应布置固定断面监测设施。

（2）监测断面设置方法。在确定和优化地表水监测点位时应遵循尺度范围的原则，信息量原则和经济性、代表性、可控性及不断优化的原则。断面在总体和宏观上应能反映水系或区域的水环境质量状况；各断面的具体位置应能反映所在区域环境的污染特征；尽可能以最少的断面获取有足够代表性的环境信息；应考虑实际采样时的可行性和方便性。对于河流来说，具体的各类监测断面设置方法如下：

1）背景断面应能反映水系未受污染时的背景值。因此要求：基本上不受人类活动的影响，远离城市居民区、工业区、农药化肥施用区及主要交通路线。原则上应设在水系源头处或未受污染的上游河段，如选定断面处于地球化学异常区，则要在异常区的上、下游分别设置。如有较严重的水土流失情况，则设在水土流失区的上游。

2）入境断面，即对照断面，用来反映水系进入某行政区域时的水质状况，因此应设置在水系进入本区域且尚未受到本区域污染源影响处。

3）控制断面用来反映某排污区（口）排放的污水对水质的影响。因此应设置在排污区（口）的下游，污水和河水基本混匀处。

控制断面的数量、控制断面与排污区（口）的距离可依据以下因素决定：主要污染区的数量及其间的距离、各污染源的实际情况、主要污染物的迁移转化规律和其他水文特征等。其中，还应考虑对纳污量的控制程度，即由各控制断面所控制的纳污量不应小于该河段总纳污量的 80%，如某河段的各控制断面均有 5 年以上的监测资料，可用这些资料进行优化，用优化结论来确定控制断面的位置和数量。

4）出境断面用来反映水系进入下一行政区域前的水质。因此应设置在本区域最后的污水排放口下游，污水与河水已基本混匀并尽可能靠近水系出境处。如在此行政区域内，河流有足够的长度，则应设置消减断面。消减断面主要反映河流对污染物的稀释净化能力，应设置在控制断面的下游，主要污染物浓度有显著下降处。

5）省（自治区、直辖市）交界断面：省、自治区和直辖市主要河流的干流，一、二级支流的交界断面，是环保管理的重点断面。

6）还应设置的各类监测断面。

a. 水系的较大支流汇入前的河口处，湖泊、水库、主要河流的出、入口应设置监测断面。

b. 国际河流出、入国境的交界处应设置出境断面和入境断面。

c. 国务院环保厅行政主管部门统一设置省（自治区、直辖市）界交界断面。

d. 对流程较长的重要河流，为了了解水质、水量变化情况，经适当距离后应设置监测断面。

e. 水网地区流向不定的河流，应根据常年主导流向设置监测断面。

f. 对水网地区应视实际情况设置若干控制断面，其控制断面的径流量之和不少于总径流量的 80%。

g. 有水工建筑物并受人工控制的河流，视情况分别在闸（坝、堰）上、下设置断面。如水质无明显差别，可只在闸（坝、堰）上设置监测断面。

h. 除管理断面外，要使各监测断面能反映一个水系或一个行政区域的水环境质量，断面的确定应在详细收集有关资料和监测数据基础上，进行优化处理，将优化结果与布点原则和实际情况结合起来作出决定。

i. 监测断面的设置数量，应根据掌握水环境质量状况的实际需要，考虑在对污染物时空分布和规律的了解、优化的基础上，以最少的断面、垂线和测点取得代表性最好的监测数据。